无授权前景发明专利申请的答复技巧

哈尔滨市松花江专利商标事务所
编著

知识产权出版社
全国百佳图书出版单位

图书在版编目（CIP）数据

无授权前景发明专利申请的答复技巧／哈尔滨市松花江专利商标事务所编著. —北京：知识产权出版社，2015.1（2015.5 重印）（2017.10 重印）（2019.1 重印）（2021.10 重印）

ISBN 978 - 7 - 5130 - 2986 - 5

Ⅰ. ①无… Ⅱ. ①哈… Ⅲ. ①专利申请－案例－中国 Ⅳ. ①G306.3

中国版本图书馆 CIP 数据核字（2014）第 209819 号

内容提要

本书由"所有权利要求都不具备创造性""说明书公开不充分""申请的发明专利不属于专利法保护的客体"三个方面的 30 篇论文组成，探讨了在专利代理实践中关于上述三方面的答复技巧，为此三方面答复经验比较少的专利代理人提供一些启示，以提高此三方面发明专利申请的授权率。

读者对象：专利代理人、企事业专利工作者、发明人以及其他感兴趣的读者。

责任编辑：胡文彬　　　　　　　　　　　　责任校对：董志英

装帧设计：麦田创意　　　　　　　　　　　责任印制：刘译文

无授权前景发明专利申请的答复技巧
哈尔滨市松花江专利商标事务所　编著

出版发行：知识产权出版社 有限责任公司	网　　址：http://www.ipph.cn	
社　　址：北京市海淀区气象路 50 号院	邮　　编：100081	
责编电话：010 - 82000860 转 8116	责编邮箱：wangruipu@cnipr.com	
发行电话：010 - 82000860 转 8101/8102	发行传真：010 - 82000893/82005070/82000270	
印　　刷：三河市国英印务有限公司	经　　销：各大网络书店、新华书店及相关专业书店	
开　　本：720mm×960mm　1/16	印　　张：12	
版　　次：2015 年 1 月第 1 版	印　　次：2021 年 10 月第 5 次印刷	
字　　数：221 千字	定　　价：40.00 元	

ISBN 978-7-5130-2986-5

哈尔滨市松花江专利商标事务所

让委托人满意　让审查员同意
让领导听后无歧义

哈尔滨市松花江专利商标事务所全体员工

哈尔滨市松花江专利商标事务所全体领导

本书全体作者

编 委 会

编委会成员简介

岳泉清，男，专利代理人，北京邮电大学电子器件专业、电子交换专业双科毕业，1985 年初取得专利代理人执业证，之后一直从事该行业的工作，现为哈尔滨市松花江专利商标事务所的所长、中华全国专利代理人协会常务理事、哈尔滨市中级人民法院知识产权庭人民陪审员。

牟永林，男，哈尔滨市松花江专利商标事务所法律技术部部长，工程师、法律硕士，2001 年获得专利代理人资格证书。曾发表过《方法专利侵权诉讼问题研究》《〈专利法〉第 26 条第 4 款的法理学探索》和《虚拟装置权利要求维权中的法律问题》，被分别评为中华全国专利代理人协会第一届年会、2012年中华全国专利代理人协会高端学术论坛和中华全国专利代理人协会第四届年会获奖论文。

张宏威，女，专利代理人，工程师，1999 年毕业于哈尔滨理工大学工业自动化专业。2006 年 8 月就职于哈尔滨市松花江专利商标事务所，现任质检部部长兼电气室主任。

杨立超，女，专利代理人，工程师，2002 年 7 月毕业于黑龙江八一农垦大学机械化及其自动化专业，大学本科学历。2007 年 1 月就职于哈尔滨市松花江专利商标事务所，一直致力于专利代理工作，曾担任机械室副主任，现任软件室主任。其曾投稿参与 2010 年中华全国专利代理人协会年会第一届知识产权论坛征文活动，其文章被选入该届知识产权论坛论文选编集。

刘士宝，男，2008 年毕业于吉林化工学院电子信息工程专业，大学本科学历。2008 年 7 月入职哈尔滨市松花江专利商标事务所，现任电气室副主任，主要负责通信方向的新申请撰写和审查工作。

侯静，女，专利代理人，2009 年 7 月毕业于哈尔滨工业大学生物化学与分子生物学专业，硕士研究生学历，现任哈尔滨市松花江专利商标事务所生化室副主任。

孟宪会，女，2010 年 7 月毕业于齐齐哈尔大学机械设计及其自动化专业。2010 年就职于哈尔滨市松花江专利商标事务所，一直致力于专利代理工作，现任机械室副主任，2014 年获得专利代理人资格证。

高志光，男，工程师，2005 年毕业于东北林业大学林产化工专业，大学本科学历，2014 年取得专利代理人资格证。2011 年就职于哈尔滨市松花江专利商标事务所，一直致力于专利代理工作。

黄亮，男，2010 年毕业于黑龙江科技学院应用化学专业，大学本科学历。2010 年 12 月 1 日至今在哈尔滨市松花江专利商标事务所从事专利代理工作，现任生化室化学组组长。

宋政良，男，专利代理人助理，工程师，2010 年 7 月毕业于黑龙江大学微生物专业，硕士研究生学历。2011 年 10 月就职于哈尔滨市松花江专利商标事务所，一直致力于专利代理工作，现任生化室组长。

张利明，女，专利代理人，工程师，1998 年 7 月毕业于佳木斯大学电气工程系。2009 年 2 月就职于哈尔滨市松花江专利商标事务所，一直致力于专利代理工作。

郑新荣，女，工程师，1998 年 7 月毕业于佳木斯大学电气工程系，工业电气自动化专业，本科。2008 年 1 月就职于哈尔滨市松花江专业商标事务所，一直致力于专利代理工作。

魏正茂，男，专利代理人助理，工程师，2004 年 6 月毕业于东北农业大学机械设计制造及其自动化专业。2010 年 6 月就职于哈尔滨市松花江专利商标事务所，一直致力于专利代理工作。

贾珊珊，女，专利代理人助理，2012 年 7 月毕业于黑龙江大学生物化学与分子生物学专业，硕士研究生。2012 年 6 月就职于哈尔滨市松花江专利商标事务所，一直致力于专利代理工作。

王辉，女，专利代理人助理，2013 年 7 月毕业于东北林业大学生物材料工程专业，硕士研究生学历，毕业后就职于哈尔滨市松花江专利商标事务所。

陈晶，女，专利代理人助理，2006 年毕业于黑龙江八一农垦大学生物技术系。2007 年就职于哈尔滨市松花江专利商标事务所，一直致力于专利代理工作。

王大为，男，专利代理人，2001 年 7 月毕业于哈尔滨理工大学机械设计制造及其自动化专业。2008 年 7 月就职于哈尔滨市松花江专利商标事务所，一直致力于专利代理工作。

序　言

自《国家知识产权战略纲要》实施以来，我国专利申请的数量持续快速增长，专利申请的结构不断优化，申请质量也在逐步提升，为创新型国家的建设提供了强有力的支撑。

为了把技术创新成果转化为更高质量的专利来加以保护，不断提升产业和企业的核心竞争力，中华全国专利代理人协会开展了一系列工作，努力提升专利代理人的工作质量和代理水平。在这样的背景之下，喜闻哈尔滨市松花江专利商标事务所编著的《无授权前景发明专利申请的答复技巧》一书即将出版。通览过后，欣然作序。

北国江城哈尔滨是我国的文化和科技名城，航天、动力、环保和军工等科学技术的发展位于国家前列，两院院士数量在全国所有城市中位列第五位。这样的基础环境造就了一只善打硬仗的团队，哈尔滨市松花江专利商标事务所每年代理的专利申请总量中有70%左右为发明专利，该项指标在全国的代理机构中名列前茅。由于常年坚持科学化的绩效管理和经验积累，该所具有丰富的撰写发明专利申请文件的经验，而且在答复无授权前景发明专利的审查意见方面掌握了诸多技巧，这些技巧在学术方面和专利代理实践方面都具有一定的价值。

该书第一部分选择了20篇审查意见认为"所有权利要求都不具有创造性但答复成功"的案例，并对这20篇案例所采用的答复思路和方法进行了分类总结，同时给出了答复此类审查意见的总结性"概述"；第二部分选择了7篇解决审查意见认为"说明书公开不充分"的案例，说明了从三个方面进行论述和答复的技巧；第三部分列举了3篇审查意见认为"申请不属于发明专利保护客体"的案例。以上所有案例均为真实案例，评述内容客观并符合逻辑，其中有些理论上的认识，不乏挑战《专利审查指南2010》的相关规定。

该书所挑选的这三个部分的主题都是影响发明专利申请授权率的关键性问题。该书精选突破发明专利申请授权率瓶颈的经验作为核心内容并结集出版，自中华全国专利代理人协会成立以来这还是第一次，这种做法具有十分重要的意义。这种毫无保留的奉献，一方面给广大的知识产权工作者和发明人提供了一本好的学习参考资料，另一方面必然会激励和带动全国其他的知识产权服务机构，把自身最好的经验总结并公布出来，从而把我们专利代理服务这一共同的事业做好，进而促进全国专利事业更快、更好地发展。

中华全国专利代理人协会会长

杨梧

前　　言

　　中国《专利法》已经实施 29 年了，中国专利申请量在 2011 年就已居世界第一位，发明专利申请量也达到了世界第一，但是发明专利的授权量、发明专利申请的授权率还没有达到世界发达国家的水平。因此国家知识产权局于 2013 年发布了《国家知识产权局关于进一步提升专利申请质量的若干意见》。中华全国专利代理人协会也向全国专利代理机构发出号召要以实际行动积极落实该文件的精神。黑龙江省知识产权局张毅副局长一行 4 人于 2014 年 3 月来哈尔滨市松花江专利商标事务所（以下简称"本所"）做党的群众路线教育实践活动调研时也曾提出，希望我们总结出一些专利代理实务方面的经验，以便向全省推广。本所为落实该意见中"逐步将发明专利申请量占比、发明专利授权率……等指标纳入区域专利工作评价指标体系"的精神以及响应中华全国专利代理人协会的号召，实现黑龙江省知识产权局领导的要求，组织全所专利代理人编写了本书。当然，以往作为专家、学者、审查员、专利代理人等以个人身份出版的图书中会有涉及本书有关内容的文章，但据笔者所知，到现在为止，我国专利代理机构还没有一家以机构的名义编写出版过此类学术专著。

　　据本所的统计，发明专利申请被驳回的理由中"所有权利要求都不具备创造性"占了大多数，而这些理由涉及的事实专利代理人又很难事先预知。其次是"说明书公开不充分"，即说明书不符合《专利法》第 26 条第 3 款的规定；接下来是申请的发明专利不属于《专利法》保护的客体，即所有权利要求都不符合《专利法》第 2 条第 2 款的规定。所以本所从所代理的答复发明专利申请的实际案例中精选出了 20 篇审查意见认为"所有权利要求都不具备创造性"的案例，7 篇审查意见认为发明专利申请"说明书公开不充分"的案例，3 篇审查意见认为"发明不是《专利法》第 2 条第 2 款规定的客体"的案例，共计 30 篇论文。前述论文分编为三部分，每部分的开篇是此类文章的概述。此 30 篇论文记载的事实在国家知识产权局的专利档案库中都能查到，授权公告的文本在国家知识产权局的网站上也能查到。30 篇论文的 17 位作者现在都是本所的专职工作人员。作者针对这 30 个案例进行了总结和分析，有些观点可能挑战《专利审查指南 2010》的相关规定，但其主要做法、观点、认识、体会、心得、建议等都是本所多年来答复无授权前景发明专利申请工作经验的总结。这 30 篇论文涉及的专业有：软件及算法、计算机、生物工程、制药、电气、自动控制、化工、机械等，涵盖的专业非常广泛。

出版本书的目的，除响应国家知识产权局、中华全国专利代理人协会和黑龙江省知识产权局的号召外，更主要的还是想通过编写此书，对此三类答复技巧进行总结提高，为进入本领域的新人和其他中小专利代理机构中做此三类答复工作经验比较少的专利代理人提供一些启示，以提高此三类案件的授权率。

在此感谢本所 17 位作者的积极工作和努力配合以及 3 位"概述"作者对相关文章的组织和协调，还要感谢本所参与为本书拍摄照片、提供基础数据等工作人员的无私奉献。同时还要感谢本所的委托人、申请专利的发明人在答复发明专利审查意见过程中给予的积极配合和支持，还要感谢各级领导机关及中华全国专利代理人协会对本所工作的指导和帮助。

本书的著作权归编著者所有，未经编著者同意不得复印、印刷等。

哈尔滨市松花江专利商标事务所所长

目　　录

第一部分　所有权利要求都不具备
创造性也无授权前景的案例

第二部分 发明专利说明书公开
不充分无授权前景的案例

第三部分 所有权利要求都不符合《专利法》
第 2 条第 2 款并无授权前景的案例

第一部分

所有权利要求都不具备
创造性也无授权前景的案例

答复所有权利要求都不具备创造性审查意见方法的概述

牟永林

【摘　要】

在发明专利申请实质审查程序中，所有权利要求都不具备创造性的审查意见越来越多。本文对创造性审查意见的答复方式，尝试进行一些分析和讨论。首先应该正确认识发明实质审查程序，认识到审查意见是审查员从另一个角度帮助申请人探寻发明实质贡献的过程，其次要擅于同审查员沟通，再次应该掌握创造性答复的内在规律，最核心的是应该细致入微地探索发明创造中的创新点所在。

【关键词】

创造性答复　实质审查程序　沟通　创新点

一、序　言

目前，在发明专利申请实质审查过程中，审查员发出的所有权利要求都不具备创造性的审查意见越来越多。这种现象说明，随着专利制度在我国施行时间的推移，在专利申请文件中，比较简单的形式错误越来越少，国家知识产权局审查员的主要精力已经向从授权的实质性角度提高授权发明专利的质量方面转移。对于有志于从事专利事业的人这是一个可喜的变化，是专利制度走向良性发展之路的表现；但同时，由于答复的困难程度增加，也给专利代理服务的从业人员带来了相应的挑战。

《专利法》第 22 条第 1 款规定："授予专利权的发明和实用新型，应当具备新颖性、创造性和实用性。"因此，申请专利的发明和实用新型具备创造性是授予其专利权的必要条件之一。如果一项申请不具备创造性，则会因为此项实质性缺陷，而不能授予专利权。

　　《专利审查指南2010》第二部分第四章清楚地描述了国家知识产权局审查员审查一件发明专利申请是否具备创造性的审查原则、审查基准和判断方法等，其中判断要求保护的发明相对于现有技术是否显而易见，通常按照"三步法"进行，即：（1）确定最接近的现有技术；（2）确定发明的区别特征和发明实际解决的技术问题；（3）判断要求保护的发明对本领域技术人员来说是否显而易见。审查员按照这个程式化的思路进行审查、撰写审查意见、评述权利要求请求保护的技术方案是否具备《专利法》规定的创造性。

　　当专利代理人收到国家知识产权局发出的所有权利要求都不具备创造性的审查意见通知书后应当怎样去答复，这是本部分想讨论的问题。作者综合十余年来专利代理工作经验和体会，对创造性审查意见的答复方式，尝试进行一些分析和讨论，希望抛砖引玉，交流经验。

二、应该正确认识发明实质审查程序

　　答复审查意见的过程是与审查员进行书面沟通的过程，专利代理人应该高度重视这个过程。能够与审查员进行有效的书面沟通，是答复工作能否圆满完成的前提。如果能够清楚地判断专利申请是否真的具有授权的实质性条件，对于追求专利保护的人来说，比稀里糊涂审查通过还重要。一项发明专利从其诞生到结束有可能存在20年，如果专利有价值，存在期间要经过重重考验。手握一个稳定性极差的专利，会影响专利权人整个专利战略。因此应该重视这个过程，而不是单纯重视授权结果。尽管有些发明人不懂与审查员沟通的重要性，认为太耽误时间，但这个沟通过程确确实实对发明人有益。与审查员沟通次数的增多，虽然延长了审查时间，但是对权利要求获得最恰当的保护范围非常有益。如果申请人能够认识到审查意见是审查员从另一个角度帮助申请人探寻发明对现有技术所作出的实质贡献的过程，则有助于平和与审查员对立的心态，圆满地完成实质审查程序。

三、应该擅于同审查员沟通

　　一个好的专利代理人，应该能够高效地完成与审查员的意见沟通。当收到所有权利要求所请求保护的技术方案都不具备创造性的审查意见后，如果完全赞成审查意见，除非放弃该申请，申请人必须对权利要求书进行修改，同时提交意见陈述书，论述修改内容符合《专利法》第33条的相关规定，以及该修改如何克服了原权利要求不具备创造性的缺陷。如果申请人完全不赞成或部分赞成审查员的审查意见，那就必须提交意见陈述书，详细陈述自己的意见来反驳审查员的审查意见。

在申请人需要提交意见陈述书时，为了与审查员进行高效的书面沟通，应该做到准确理解审查意见和审查思路，客观分析审查意见中所依据的事实、理由和证据，最后针对审查意见给出自己具体的否定意见，即反对什么。需要强调的是：反对的内容一定要针对审查意见。而反对的内容不应该仅限于审查员在审查意见通知书中给出的审查结论，还包括审查意见所针对的事实、所提供的证据、进行的说理推导过程。例如，反对意见可以针对技术方案实际要解决的技术问题的分析、公知常识的使用、显而易见性的论述等。

沟通中最常见的错误：

（1）把对比文件与申请的说明书进行对比，而不是与权利要求所保护的方案进行对比。这种做法显然不正确，因为专利法规定，权利要求书是申请人请求专利保护的范围，是审查员在审查意见通知书中评述创造性缺陷时所针对的对象。申请人应该论述权利要求具备创造性的理由，而不应该是说明书中最佳实施例具备创造性。仅仅记载在说明书中，而没有记载在原权利要求或经修改的权利要求中，不能用于限定权利要求的保护范围，也不会影响有关权利要求创造性缺陷的审查意见。

（2）错认对比文件或错认对比文件中的事实，例如申请人指出对比文件没有公开权利要求中某个技术特征，但实际上对比文件已经明确记载了该技术特征，由于申请人的疏忽，导致答复意见不具有说服力，审查员可能再次发出同样的审查意见，造成审查周期的延长或者被驳回。

（3）有的申请人不同意审查意见，但仅仅提出疑问和结论，没有具体说理，或者说理很简单，这显然不能说服审查员。即便对于申请人修改了权利要求、新增了技术特征的情况，申请人也不能忽视在意见陈述书给出经修改的权利要求具备创造性的理由。

（4）有的申请人在反驳审查意见的时候，仅仅简单地论述这些对比文件领域不同，或者技术方案差别较大，因而无法结合以得到申请所述技术方案。审查思路是基于最接近的现有技术，为了某些发明目的、要解决某些实际技术问题，而引入其他对比文件中记载的现有技术中的某些技术手段，改进对比文件1所述技术方案，因而形成了专利申请所述技术方案。如果申请人不能论述发明的技术方案并非现有技术方案的简单叠加，现有技术中不存在进行发明和创造的动机，不存在加以结合或改进的启示，则答复意见不会被审查员所接受。

（5）不针对审查意见来陈述意见，例如，申请人完全抛开审查意见中的事实、证据和理由，自己分析了所有对比文件，给出权利要求所请求保护的技术方案具备创造性的理由。这类似于一种答非所问的做法。

申请人仅仅按照自己的思路分析申请的创造性。虽然审查员可以阅读申请人递交的意见陈述书，也有可能认可申请人的陈述意见，但是很显然，这样的答复意见并不直接，没有做到有的放矢。就书面沟通而言，审查员和申请人是各说各话，沟通效率较低。现实中的答复实践，很多的第 N（$N \geq 2$）次审查意见与第 $N-1$（$N \geq 2$）次审查意见基本相同，问题就出在这里。如果审查员认为申请人的陈述意见不具有说服力，则很可能发驳回通知书。相反，如果申请人或者专利代理人提供的答复意见，有较强的针对性且有理有据，则具有较强的说服力，审查员能更容易地理解申请的发明思路，澄清技术中的疑难之处，理解申请与现有技术的区别与进步之处，调整其审查思路，或就某些具体问题或技术细节，与申请人进一步地沟通和讨论，将大大提高审查效率和进程。

总之，在与审查员进行讨论和沟通的过程中，养成认真、仔细研究审查意见的工作习惯，不仅是尊重审查员的劳动，也是最合理和高效的沟通方法，有利于提高审查效率，缩短审查过程。

四、应该掌握创造性答复的内在规律

国家知识产权局的审查员基本上是按照"三步法"这个程式化的思路进行审查，撰写审查意见，评述权利要求请求保护的技术方案是否具备《专利法》规定的创造性。"三步法"本身的内容，笔者不再赘述，但是针对审查员运用"三步法"作出的审查意见如何答复，笔者阐述一下实践中的做法。

首先，申请人应仔细核查审查员所提供的事实与证据，具体包括：审查员提供的对比文件是否属于《专利法》所规定的现有技术，审查意见中具体给出的对比文件中相关段落的内容是否属实。如果审查员采用了外文文献，申请人还应该核查翻译是否正确，以及根据翻译所得出的结论是否恰当。

其次，审查员把对比文件中的某些技术特征与发明权利要求中的某些特征进行一一对应，其目的是证明权利要求中相应技术特征已经被对比文件所公开。申请人应分析上述特征对应的结果是否准确、妥当。如果申请人不同意，可以指出并说明理由。

再次，审查员还会指出权利要求所述方案与最接近的现有技术的区别技术特征。申请人应该核实审查员指出的区别技术特征是否正确、全面。如果申请人与审查员对对比文件与权利要求的区别技术特征的理解存在差异，会导致接下来确定的申请要解决的技术问题可能不同，进而形成申请相对于现有技术是否显而易见的结论也不同的局面，所以申请人应该认真核实，尤其是申请人认定的区别技术特征多于审查员认定的区别技术特征的情况下，申请人应予以指出，并进一步分析多出的区别技术特征的作用和技术效果如何使权利要求所述方案具有实质性特点和显著的进步。

又次，审查员基于区别技术特征，概括了权利要求所要求保护的技术方案实际要解决的技术问题。申请人需要判断这个问题的概括是否恰当，例如，分析区别技术特征的作用是否能解决所述技术问题，分析对比文件所述方案是否确实存在这个技术问题。如果申请人对审查员概括的技术问题存在异议，可以进行反驳。还可以给出自己概括的技术问题，并论述本领域技术人员面对这个技术问题，不能从现有技术得到启示，进而证明权利要求所述技术方案具备创造性。

最后，概括了技术问题后，审查员会引入新的对比文件或采用公知常识，来论述找到的区别技术特征属于现有技术，认为现有技术给出了将上述区别技术特征应用到最接近的现有技术以解决上述技术问题的技术启示。对于这部分内容，申请人应判断审查员的说理是否合乎逻辑和技术事实。在已经明确权利要求所要解决的技术问题的情况下，申请人应该重点关注审查员提供的对比文件2等现有技术中是否确实存在相应技术启示，核实对比文件2是否公开了区别技术特征，判断所公开相应技术特征的作用是否与申请中相应技术特征的作用相同。

"三步法"产生已久，是迄今为止评价创造性最重要和最常用的方法，也是适用最广泛的方法。但是"三步法"并不是评价创造性的唯一方法，《专利审查指南2010》也给出了另外一些评价方式，例如："发明解决了人们一直渴望解决但始终未能获得成功的技术难题""发明克服了技术偏见""发明取得了预料不到的技术效果""要素省略""发明在商业上获得成功"。笔者及同事在答辩实践中也经常采用这些方法，在说理充分的前提下，审查员也都给予了认可。

五、应该细致入微地探索发明创造中的技术窍要

笔者在多年的专利代理实践中发现，有的大学老师和高级工程师虽然不懂专利法律，也能很好地完成发明审查意见的答复，靠的是熟悉自己的发明创造和渊博的专业技术知识，因此能够从技术层面上对发明创造进行合理的解释。而无理工科背景的律师对专利法律规定的理解具有先天的优势，逻辑思维能力

也很强，但是不懂技术，无法阐述技术细节，最后给人的印象是单纯强调分歧和结论，让人觉得是在"强词夺理"，因此基本上做不好发明的审查意见答复。

国家知识产权局的审查员，往往经过多年的持续培训和严格的审查训练，关于创造性的理解和逻辑思维能力，一般不会出现差错。仅仅由于接触所审查的专利内容时间短暂，有可能对发明的技术方案理解不充分。因此，对于专利代理人或者申请人来说，答复审查意见的核心工作在于理解发明的技术实质，发现和找到其与审查员的理解在技术上有什么不同。

因此，大多数情况下，创造性答复能否成功的关键在于能否找到发明申请在技术上的创新点，这是解开迷局的钥匙。找到创新点所在，即使专利代理人的意见陈述中理由和表述部分稍有瑕疵，审查员也会接受。

《专利法》第 1 条规定："为了保护专利权人的合法权益，鼓励发明创造，推动发明创造的应用，提高创新能力，促进科学技术进步和经济社会发展，制定本法。"从专利法的角度来看，专利的实质审查过程，也是发明人和审查员之间共同寻找、逐渐发现一个发明创造的创新点的过程。这种寻找有助于发明人和公众更充分地理解发明创造本身，从而更好地发挥个体的发明创造推动、促进科学技术进步的作用。如果这种技术上的创新点不存在，那么它就不能促进科学技术的进步，也就不应该被授予专利权。

六、结束语

本文作为概述，简要说明了答复所有权利要求都不具备创造性审查意见的方法。另外，本文还对本书中其他各篇答复创造性审查意见的文章进行梳理，将之所以能够答复成功的主要原因归类为以下三种：

第一种类型是对创造性法律概念的辩解得到了审查员的认同。如：《当两技术方案实质相同时，其技术效果就一定相同吗》《建立评价指标是答复创造性的关键》《具有显著进步与实际解决技术问题相关联的思考》《区别技术特征实现了发明特有技术目的的申请具备创造性》《浅谈创造性评判中的"技术启示"》《从预料不到的技术效果争辩发明的创造性》和《当基因的蛋白功能不同时具备创造性》。

第二种类型是对发明创新内容的挖掘得到了审查员的认同。如：《细微处寻找绝处逢生的机会》《区别技术特征的作用在创造性的答复中的重要性》《不怕困难勇于挑战审查意见》《创造性的答复中对工作原理的侧重考虑》《从技术整体上多点答复审查意见的方法》《多一点记载就多一份机会，多一点坚持就多一份成功》《为创造性答复易于通过，在撰写中要设好伏笔》和《深入挖掘技术手段来论证具备创造性》。

第三种类型是擅于同审查员沟通取得的成功。如：《如何将被认为是"常规技术手段"转变成"非常规技术手段"》《新的权利要求应当与答复的主张相对应》《找到并正确理解审查意见中的启示性意见》《当对比文件不能作为最接近的现有技术时创造性的答复》和《在创造性答复中建立专利代理人自信心的重要性》。

综上所述，正确理解实质审查意见的本意才能使发明人和专利代理人自觉自愿地与国家知识产权局审查员进行良好的沟通和互动，这种沟通和互动对于圆满完成专利授权前的审查具有重要的作用。而为了准确界定一个发明创造是否应该被授予专利权，对于"创造性"概念的全面理解和对发明创新点的准确把握是不可缺少的两个支柱，两者缺一不可。

当两技术方案实质相同时，其技术效果就一定相同吗

岳泉清

【摘　要】

　　国家知识产权局的审查员在引用对比文件评价发明申请的创造性时，经常会找出对比文件与该发明要求保护技术方案之间的区别技术特征，然后又指出这些区别技术特征是现有技术或公知常识或其两者的结合，故而得出发明申请的技术方案与对比文件的技术方案是实质相同技术方案的结论。然后又引证"当在技术方案相同的情况下，必然导致相同的技术效果"，进而否定发明申请具备创造性。本文想通过一个案例来说明当两个技术方案看似实质相同的情况下，它们产生的技术效果可能有不同，而此不同的技术效果如果正是本发明要解决的问题，那么，本发明申请就具备创造性。

【关键词】

　　实质相同的技术方案　　不相同的技术效果　　具备创造性

一、案情介绍

申请号：200510009660.7。

发明名称：步道砖透水铺装法。

（一）公开的权利要求书

"1. 步道砖透水铺装法，其特征在于它是通过以下步骤实现的：一、用夯机或压路机将路床的原土层夯实或压实；二、铺设碎石层：将碎石铺在夯实或压实的原土层上面，其碎石的铺设厚度为30~200mm；三、铺设级配层：将石渣和石粉铺在碎石层上面，推平后喷水压实，其级配层的铺设厚度为10~100mm；四、铺设衬垫层：将碎石和细砂混匀后，铺在级配层上面，用水沉

实，其衬垫层的铺设厚度为 10 ~ 50mm；五、铺设步道砖：用夯机将衬垫层夯平，然后铺设步道砖，步道砖的厚度为 50 ~ 80mm。

2. 根据权利要求 1 所述的步道砖透水铺装法，其特征在于所述碎石层所用碎石的平均直径为 1 ~ 3cm 或 2 ~ 4cm。

3. 根据权利要求 1 所述的步道砖透水铺装法，其特征在于所述级配层石渣的平均直径为 0.1 ~ 2mm，石粉的粒径为 0.01 ~ 01mm；石渣和石粉的体积比为：1：1 ~ 2。

4. 根据权利要求 1 所述的步道砖透水铺装法，其特征在于所述衬垫层的碎石和细砂的体积比为 1：1；碎石的直径为 0.3 ~ 0.5cm，细砂为普通建筑用砂。"

（二）公开的说明书附图

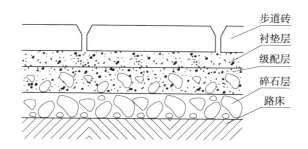

二、第一次审查意见概述

2006 年 10 月 13 日，国家知识产权局审查员对该发明专利申请发出了第一次审查意见通知书，此通知书引用了两篇对比文件如下：对比文件 1 是《混凝土》杂志 2002 年第 8 期第 53 页第 5 节，表 1 公开了一种路面砖的施工工艺。审查意见认为本发明权利要求 1 与对比文件 1 相比，其区别技术特征在于：（1）路床的原土层用夯机夯实；（2）级配层为石渣和石粉，推平后喷水压实；（3）衬垫层中含有与砂混匀的碎石并用水沉实。对比文件 2 是《建筑砌块与砌块建筑》杂志 2003 年第 1 期第 15 页第 2 列，第 22 页下栏第 1 列，图 2 公开一种铺地砖的施工技术，审查员认为对比文件 2 公开了对比文件 1 与本发明权利要求 1 的第一个区别技术特征，本申请的专利代理人也认可这一事实，故对第一个区别技术特征不用论述和争辩。审查员还认为对比文件 2 含有"基层（即本发明的级配层）为级配碎（砾）石或泥结碎（砾）石等，整平后再振实"，将对比文件 2 中这一技术特征替换本申请中的区别技术特征"级配层为石渣和石粉，推平后喷水压实"，并达到相同的作用和技术效果，是本领域技术人员容易想到的。因此权利要求 1 不具备创造性。权利要求 2 是对权利要求 1 碎石层所用碎石直径 1～3cm 或 2～4cm 的限定，而据教科书的记载"粒径大于 20mm 的颗粒超过全重 50% 为碎石"，此限定为公知常识，故权利要求 2 也不具备创造性。

三、专利代理人针对"一通"作了意见陈述

（1）修改了权利要求书，将原权利要求 1、原权利要求 2 作为新权利要求 1 的前序部分；将具备创造性的原权利要求 3 作为新权利要求 1 的特征部分；将原权利要求 4 作为新权利要求 1 的从属权利要求 2。

（2）论述了新权利要求 1 具备创造性。

四、第二次审查意见概述

国家知识产权局审查员于 2007 年 6 月 8 日发出第二次审查意见，认为新权利要求 1 和新权利要求 2 都不具备创造性，同时说明书中也没有记载其他任何可以授予专利权的实质内容，本申请不具备授权的前景，如果不能提出本申请具备创造性的充分理由，本申请将被驳回。

五、专利代理人针对"二通"又作了意见陈述

（1）本发明是一种环境友好的方法，维护生态平衡的方法，本发明的这一效果在对比文件 1 和对比文件 2 中是找不到的。正如本发明说明书第 2 页所述："透水透气性好，下雨时雨水能及时渗入地下，有利于城市地下水位的回升，晴天地下的水气可通过铺设的路面向空气中散发，能调节城市空气的干湿度，有利于生态环境的改善。"此效果的产生正是新权利要求 1 特征部分的技术特征"级配层石渣的平均直径为 0.1～2mm，石粉的粒径为 0.01～0.1mm，石渣和石粉的体积比为：1:1～2"所为。因为将石渣与石粉及其比例关系用于步道砖的级配层是本发明的首创，对比文件 1 和对比文件 2 及其他出版物中都没有记载。石粉是生产水泥的原料，它遇水会变硬，如果石粉的比例大了会影响透水性和透气性。而石渣占的比例大了会降低级配层的承载力，不利于重载车辆的碾压。本发明石渣和石粉的比例为 1:1～2 恰到好处，此配比是经过多

次反复试验才得到的，其效果也得到了验证。"本发明用于某城市一号停车场 1200m² 工程，不仅符合荷载要求，而且免设地下疏水管道，下大雨时停车场不积水，水全部渗透到地下。"

（2）本发明免去了铺设地下疏水管道，免去了日常排水设施的维护，对比文件1（第53页）第5.1节（5）中有"视地区排水状况配置盲管辅助排水"的记载，对比文件2（第16页）左栏1～4行写道："这时应考虑采用抗渗型基层或增加抗渗层。用沥青作为抗渗层，其残余沥青含量不大于 $0.6L/m^2$。"对比文件2（第16页）"排水"一节写道："混凝土铺地砖之间紧密的接缝以及地砖本身的渗水能力十分有限，只有在非频繁使用的次要场所，才可考虑利用接缝地砖和渗水性基层作为排水。一般情况下，铺地砖面的排水应按传统的混凝土或沥青路面排水设计。"通过以上列举对比文件1和对比文件2的记载内容，它们确实不存在"透水透气性好，下雨时水能及时渗入地下，有利于城市地下水位的回升，晴天地下的水气又能通过铺设的路面向空气中散发"的效果。尤其是它们还要"利用抗渗型基层"，并"铺设盲管辅助排水"。

六、国家知识产权局于 2007 年 10 月 19 日发出驳回决定，驳回理由是该申请不符合《专利法》第 22 条第 3 款的规定

在此着重摘录驳回决定中对第二次意见陈述的几个事实和观点的否定和反驳。

"申请人在答复'二通'意见中陈述了以下几点：

（1）'……上述本发明的技术效果在对比文件1和2中找不到'。

在对比文件1与2结合已经可以得出本发明的权利要求所限定的技术方案的情况下，即在技术方案相同的情况下，相同的技术方案导致相同的技术效果，该有益技术效果不必在对比文件文字中出现，由相同的技术方案推知即可得知该有益技术效果。

（2）'对比文件1和2中技术方案不透水'。

在第一次审查意见通知书中指出了对比文件1为最接近的对比文件，已经公开了权利要求1的大部分技术特征。在区别技术特征为现有技术或者公知常识的情况下，对比文件1与对比文件2结合的技术方案与本发明技术方案实质相同，前面已经论述了在技术方案相同的情况下，必然导致相同的技术效果——透水，至于申请人所述的'与对比文件1和2的区别技术特征'——碎石级配层中的碎石粒径以及配比，在对比文件1和2中均有提及'设置级配

层'和'级配碎石',在均设置该碎石级配层的情况下，没有提及的粒径以及配比并不会导致完全不同的技术效果。即对比文件 1 和 2 的技术方案仍透水。

（3）本发明背景技术中公开了对比文件 1 和 2 的缺点'另一种是混凝土垫层……'。

在对比文件 1 和 2 中均公开了自下向上的结构：路床，碎石层，级配层，衬垫砂层，路面砖。与本申请中的结构完全相同，也均未采用本申请背景技术中提及的混凝土层。

（4）'使用石渣和石粉对比文件中没有公开，为申请人首创，石渣和石粉的配比恰到好处'。

对比文件 1 中公开了设置级配层，对比文件 2 中公开了设置级配碎（砾）石，均公开了设置级配碎石，而根据本领域的公知常识，石渣和石粉即为粒径较小的碎石，在对比文件 1 和 2 公开级配碎石层的情况下，采用粒径较小的碎石，根据对比文件 2 中的公开'强度，刚度，稳定性符合要求'选择适当粒径的碎石以及配比是本领域技术人员不必付出创造性劳动的。

综上所述，重新修改后的权利要求 1，2 仍然不具备创造性。"

七、申请人于 2008 年 2 月 3 日向专利复审委员会对该驳回决定请求复审

（1）复审的理由与第二次意见陈述大体相同。

（2）原审查部门对复审请求进行了前置审查，但原实审部门仍坚持原驳回决定。

（3）专利复审委员会于 2009 年 5 月 14 日发出复审通知书，此通知的主要内容是对复审请求时专利代理人对新权利要求 1 和权利要求 2'与对比文件 1 和 2 的区别特征产生的不同技术效果提出质疑。

（4）请求人于 2009 年 6 月 17 日向专利复审委员会提交了意见陈述及补强证据：

本次意见陈述除坚持复审请求的理由外，并将权利要求 2 也合并到了新权利要求 1 的特征部分，专利代理人还作了如下意见陈述：

①本发明相对于对比文件 1 和 2 是克服了技术偏见：对比文件 1 和对比文件 2 正像驳回决定所概括的："强度、刚度、稳定性符合要求"是他们的共同追求，而无任何需渗水透气的需求。而本发明恰好是要渗水性好，晴天又能向空气中散发水气。此效果也正是本发明新权利要求 1 的特征部分带来的。因为"衬垫层"是由碎石和细砂按 1:1 的体积比组合而成的，关键是碎石的直径为

0.3～0.5cm，细砂为普通建筑用砂。而"级配层"是由石渣和石粉按体积比1:（1～2）组合而成的，石渣的平均直径为0.1～2mm，石粉的粒径为0.01～0.1mm。这其中没有对细砂的粒径进行限定，但却限定了它为"普通建筑用砂"。上海辞书出版社于1978年出版的《辞海》理科分册（下）第283页对砂土给出了如下定义："土质学中指颗粒间缺少粘聚力的松软土，主要由直径在0.05～2mm之间的颗粒组成，不具有粘着性及塑性，但渗水性较强"。按常识可知：当不规则形状颗粒物堆积在一起时，当不规则形状颗粒物的粒径越大，其产生的筛孔就越大，反之其产生的筛孔就越小。由此可以推证出衬垫层的筛孔要大于级配层的筛孔，而碎石层的筛孔又大于衬垫层的筛孔。此三层筛孔大小的合理配置正是本发明新权利要求1与对比文件1和对比文件2的区别技术特征所带来的。而本发明与步道砖最贴近的衬垫层的大筛孔正好有利于雨水的下渗，不会积在步道砖的表面上。而级配层小的筛孔又能承受较大的载荷而不变形。碎石层的大筛孔又更能使渗下的水快速排到地下。由于对比文件1和2的衬垫层只含有砂子，而无碎石，故对比文件1和对比文件2由路面砖向下，每层的筛孔都是逐渐变大的。尤其是对比文件1和2的衬垫层的筛孔都小于本发明该层的筛孔，所以其渗水性必然不如本发明好。故本发明新权利要求1产生了对比文件1和2没有的技术效果，解决了多年来人行道和广场易积水及把水排到地下管道中的弊端，进而改善了城市的生态环境。

　　②申请人向复审委补交了说明书最后一段实例的证据，以补强此效果的真实存在。

八、获得授权

　　专利复审委员会合议组接受了专利代理人的意见陈述，认定了两个技术方案存在筛孔大小不同及分布也不同的事实，最后于2009年8月5日决定授予本发明的专利权。国家知识产权局专利局于2010年11月30日发出授权通知书。

九、心得、建议、问题

（一）心　得

1. 两技术方案"实质相同"不能等于技术方案"相同"
所谓技术方案相同是指两个技术方案之间没有差异，即申请的技术方案相对于现有技术不具备新颖性，当申请专利不具备新颖性时，是不需要考虑申请技术方案的其他任何因素的。

2. 当两技术方案实质性相同时，其两者之间必然有差异

此时要认真审查此差异是否相对于现有技术产生了意想不到的技术效果，哪怕此差异是现有技术特征，如果产生了意想不到的技术效果，则此发明必然具备了创造性。如果是克服了技术偏见，那本发明也必然具备创造性，正如本发明的对比文件 1 和对比文件 2 要作"防渗"的考虑，而本发明反而要作成"蓄水池"，它们要解决的问题根本不同，所以专利复审委员会才同意授予本发明的专利权。

3. 专利代理人不能完全按着审查员的思路去作答复

如果专利代理人在答复本案第二次审查意见时，除了原主张的内容外，再加上本发明是克服了技术偏见的论述，那本发明就有可能不走到复审程序即可授权，而授权时间则会提前 3 年左右。

（二）建　议

建议专利代理人接到审查员认为两技术方案实质性相同的认定时，要考虑以下其他因素：

（1）要解决的问题是否相同，如果不相同，则考虑此不同是否解决了发明要解决的问题，如果是，则具备创造性。尤其是产生了相反的效果，而此相反效果又是有益的效果，则该发明更具备创造性。

（2）发明申请是否克服了技术偏见，哪怕其解决的手段是常规的技术手段，因其巧妙的组合达到了新的效果，只要此效果不是变劣的效果，则此发明也具备创造性。

（3）发明申请是否是选择性发明，如果是，则也具备创造性。

（4）发明申请是否是要素变更的发明，如果是，则也具备创造性。

（5）发明申请是否获得了商业上的巨大成功，如果是，则也具备创造性。当与以上 5 种情况都不相同，也不近似时，才可认定发明申请不具备创造性。

（三）问　题

如果审查员不把"实质相同"认为等于"相同"，也就不会得出技术效果也相同的结论。由此看来，审查员具有严谨的逻辑思维是何其重要。两字之差带来的是完全不同的结果。因为到现在为止笔者还没获知有哪位专家或哪本专著或哪条法规认定过"当两个技术方案实质相同时，其技术效果就一定相同"的命题成立。

细微处寻找绝处逢生的机会

牟永林

【摘　要】

　　本文是一个答复所有权利要求都不具备创造性的案例的解读，通过对答复两次审查意见通知书的过程的分析，揭示了专利代理实践中寻找发明申请创新点的过程需要付出艰苦的劳动，需要有细致入微的工作态度。在本案例中，发明与现有技术的区别隐藏在很小的细节中，只有擅于探索细节，才能使处于绝境中的发明申请起死回生。

【关键词】

　　答复创造性　　细节　　创新点　　技术区别

一、概　述

　　申请号：201110005622.X。

　　发明名称：激光胶接点焊方法。

　　独立权利要求："1. 激光胶接点焊方法，其特征在于激光胶接点焊方法如下：一、将经过除氧化膜和除锈处理的两块金属板材加热至 40℃～70℃；二、将经过步骤一处理的两块金属板材的待连接面上涂上厚度为 0.05mm～0.2mm 的胶，然后将两块金属板材在压力为 10N 的条件下搭接；三、将步骤二得到的搭接的两块金属板材在第一束激光功率为 350W～500W 的条件下保持 0.6s～1.0s，然后在第二束激光功率为 1300W～1600W、离焦量为 3mm 的条件下保持 0.4s～0.6s，得到焊接后的金属板材；四、焊接后的金属板材间的胶层固化后，即完成激光胶接点焊。"

　　其他的从属权利要求仅仅是对某个工艺参数的限定。

　　实质审查意见：权利要求 1～8 均不具备创造性，该申请无授权前景。

　　审查结果：经过两次答辩后授权。

二、答辩过程

(一) 第一次审查意见通知书的核心内容

权利要求 1 要求保护一种激光胶接点焊方法，对比文件 1（DE60132614T2）公开了一种刚性金属板的焊接设备和方法，该权利要求所要求保护的技术方案与对比文件 1 的区别在于：

（1）将经过除氧化膜和除锈处理的两块金属板材加热至 40℃ ~ 70℃，将经过步骤一处理的两块金属板材的待连接面上涂上厚度为 0.05 ~ 0.2mm 的胶，然后将两块金属板材在压力为 10N 的条件下搭接。

（2）将步骤二得到的搭接的两块金属板材在第一束激光功率为 350 ~ 500W 的条件下保持 0.6 ~ 1.0s，然后在第二束激光功率为 1300 ~ 1600W、离焦量为 3mm 的条件下保持 0.4 ~ 0.6s，得到焊接后的金属板材；焊接后的金属板材间的胶层固化后，即完成激光胶接点焊。

基于上述区别特征确定本发明实际要解决的技术问题是如何消除在焊接过程中胶层大量分解气体影响焊接质量的问题。

对比文件 2（"镁、铝异种金属激光胶接焊工艺的研究"，王恒，第 13 ~ 17 页，第 44 ~ 49 页，大连理工大学，硕士学位论文，2006 年 7 月）公开了一种采用激光胶接焊的方法，并具体公开了先对工件进行去除氧化膜和除锈处理，然后将经过处理的两块金属板材的待连接面上涂上一定厚度的胶，胶层厚度可在 0.1 ~ 3mm 的较大范围内变化（即公开了厚度为 0.05 ~ 0.2mm 的胶），涂胶后施加一定的压力以保证胶层厚度的均匀性和控制胶层厚度，并将两块金属板材搭接，还公开了在胶层厚度大于 0.1mm（0.15mm、0.2mm、0.25mm）胶接接头采用一道焊不能使其连接，通过采用两道焊接的方法，先采用一个较小的功率的激光破坏焊缝下面的一部分胶层聚合物，使之胶层聚合物减小，胶层变薄，控制胶层的气化量，然后通过再一次调整焊接参数进行第二次施焊使镁合金和铝合金成功连接上，得到焊接后的金属板材。且上述技术特征在对比文件 2 中所起的作用与其在本申请中相同，都是在焊接区首先施加一小功率激光，使激光作用区域的胶层少量分解，再用大功率激光进行焊接作业，也就是说对比文件 2 给出了将该技术特征用于该对比文件 1 以解决其技术问题的启示。

（二）答复第一次审查意见的内容

1. 意见陈述

专利代理人答辩认为，本发明与对比文件 1 的区别为：**本发明权利要求 1 中采用激光束自身的热作用对金属板之间的胶层进行预先气化，以达到弱化胶层气化对于焊接过程的冲击作用的目的。**

对比文件 1 通过一个外加的中空金属棒（压力指），对焊接区域施加较大压力（对两块板材施加大于 500N 的压力）的办法以达到去除焊接区域胶层的目的⋯⋯

本发明权利要求 1 在进行激光点焊技术与胶接技术相结合的过程中，利用组合脉冲激光束自身不同阶段所形成的温度场不同的特点，在前期的预热脉冲阶段对金属板间的胶层进行预气化，并且使汽化后产生的气体通过金属板之间的胶层排出，从而弱化胶层气化后对于激光点焊过程的影响⋯⋯

对比文件 2 公开了一种激光胶接焊方法，对比文件 2 在制备厚度较小的激光胶接焊接头的过程中，采用一道焊接的方法胶层汽化后的气体通过熔池上部排出（对比文件 2 第 21 ~ 23 页，图 3.5），而对于胶层厚度较大的激光胶接焊接头，采用两道焊接的方法，先采用一个较小的功率激光破坏焊缝下面的一部分胶层聚合物，再调整焊接参数进行第二次焊接，最终获得激光胶接焊接头。

由于本发明权利要求 1 采用的焊接方法属于点焊，而对比文件 2 属于一种满焊，对比文件 2 与本发明不属于同一技术领域，因此不能与对比文件 1 相结合给本发明带来技术启示。

2. 意见陈述内容分析

在意见陈述中，专利代理人发现了本发明与对比文件 1 去除胶层方式的区别，即"采用激光束自身的热作用对金属板之间的胶层进行预先气化"，并且指出了该区别特征所解决的技术问题，即"达到弱化胶层气化对于焊接过程的冲击作用的目的"。但是由于针对对比文件 2 的分析没有到位，没有找出本发明真正的创新点。因此意见陈述没有被审查员接受。

（三）第二次审查意见的核心内容

1. 审查意见内容

正如申请人所述，对比文件 1 是通过外加的中空金属棒对焊接区域施加较大压力的办法以达到去除焊接区胶层，这种去除胶层的方法会延长焊点所需时间，降低连接效率，也会影响去除胶层的效果。而本申请是先用第一束激光照射胶层，使胶层排出，再用第二束激光照射，最终得到焊接后的金属板材。基于上述区别特征确定本发明实际要解决的技术问题是如何更好地消除胶层气化对焊接冲击的问题。

然而对于上述区别技术特征，对比文件 2 同样公开了采用两道焊接的方法，先采用一个较小的激光功率破坏焊缝下面的一部分胶层聚合物，使胶层变薄，再调整焊接参数进行第二次焊接，最终获得激光胶接焊接头。且上述技术特征在对比文件 2 中所起的作用与其在本申请中相同，都是在焊接区首先施加一小功率激光，使激光作用区域的胶层少量分解，再用大功率激光进行焊接作业，也就是说对比文件 2 给出了将该技术特征用于该对比文件 1 以解决其技术问题的启示。即在对比文件 2 的启示下，本领域技术人员会想到采用对比文件 2 中的除去焊接区胶层的方法应用在对比文件 1 中，以替换用中空金属棒的方式，从而更好地排除焊接区的胶层，这是本领域技术人员的惯用技术手段……

因此，申请人的意见不具备说服力。

2. 审查意见内容分析

审查员认可了专利代理人对对比文件 1 的分析，但是认为对比文件 2 给出了技术启示，而且论述很充分，也很有道理。通过第一个回合的意见交流，尽管没有说服审查员，但是专利代理人对本发明技术方案的理解已经前进了一大步。

（四）第二次答辩的内容

1. 修改权利要求

在原权利要求 1 步骤三中添加"使激光作用区域的胶层少量分解，产生气体；通过工件之间的间隙进行排气"。

2. 意见陈述

申请人认为本发明相对于最接近的现有技术所解决的技术问题是：如何更好地消除胶层气化对焊接冲击的问题。

对比文件 2 采用的是熔池排气，而本发明采用的是工件之间的间隙（即两块板之间的间隙）进行排气。

对比文件 2 的激光焊胶接复合连接技术。在制备过程中，先采用一道激光对搭接区域进行焊接，以期将焊接区域的胶粘剂气化分解，并通过熔池上部排出，如图 1 所示（即对比文件 2 中第 23 页图 3.5）。

当采用对比文件 2 中的方法，即胶层汽化后产生的气体通过熔池排出时，复合接头的焊点部分在胶层气体的冲击作用下，板材被击穿，产生大量的飞溅，在熔池的外表面形成类似于"子弹"穿过后形成的凹坑，如图 2 所示。这种凹坑很难单独采用一束激光进行修补。因此熔池排气不适用于点焊焊接，只能适用于对比文件 2 的缝焊的焊接方式，通过第二道激光重熔焊道，通过周围金属对于熔池金属的补充来弥补凹坑。

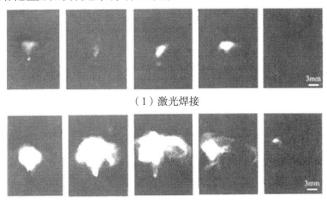

（1）激光焊接

（2）激光胶接焊

图 1

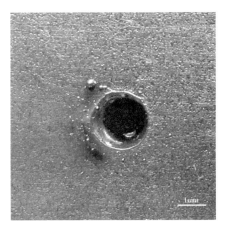

图 2

本发明避免了胶层气化的气体通过熔池上部排出，而这与对比文件 2 有着根本上的不同。为达到这一目的，在本发明中提出采用的一束单独的带有预气化脉冲阶段的组合脉冲激光进行激光点焊—胶接复合连接。第一阶段——预气化脉冲阶段的主要目的就是在保证金属上板未熔透的前提下，使激光作用区域的胶层发生气化，并且通过周围的胶层排出，如图 3 所示。随后点焊脉冲的主要作用就是形成最后的焊点。因此本发明权利要求 1 相对于两个对比文件具有突出的实质性特点。

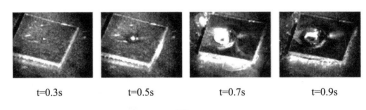

| t=0.3s | t=0.5s | t=0.7s | t=0.9s |

图3

3. 答辩结果

本申请经过上述答复后获得了授权，最终授权的独立权利要求为：

"激光胶接点焊方法，其特征在于激光胶接点焊方法如下：一、将经过除氧化膜和除锈处理的两块金属板材加热至 40～70℃；二、将经过步骤一处理的两块金属板材的待连接面上涂上厚度为 0.05～0.2mm 的胶，然后将两块金属板材在压力为 10N 的条件下搭接；三、将步骤二得到的搭接的两块金属板材在第一束激光功率为 350W～500W 的条件下保持 0.6s～1.0s，使激光作用区域的胶层少量分解，产生气体；通过工件之间的间隙进行排气；然后在第二束激光功率为 1300W～1600W、离焦量为 3mm 的条件下保持 0.4s～0.6s，得到焊接后的金属板材；四、焊接后的金属板材间的胶层固化后，即完成激光胶接点焊。"

4. 第二次答辩的分析

第二次答辩认可了对比文件 2 的存在，并且找到了其与本发明的区别特点，即：对比文件 2 是熔池排气，本发明是板间隙排气。也找到了本发明这种做法的效果：消除胶层气化对焊接冲击的问题。虽然这种区别比较微小，但它是本发明相对于现有技术的真正的创新点，因此被审查员所接受。

三、感想和心得

（1）创造性的答辩是一种比较具体的实务操作。对于专利代理人来说，不利因素是审查员不同于法官，审查员具有很高的法律和技术素养，而且目光如炬，很难蒙混过关。而对专利代理人有利之处也恰恰在于审查员的专业技术素养，当专利代理人说得有理，触动了审查员的心弦，他会很容易理解，很痛快地接受。因此创造性的答辩能否成功的关键之处在于找准发明申请的创新点，这是解开迷局的钥匙。找到创新点所在，即使专利代理人的意见陈述中理由部分稍有瑕疵，审查员也会接受。

（2）审查意见是从另一个角度帮助申请人探寻发明对现有技术所作出的实质贡献的过程。专利代理人应该重视并且认真对待审查意见。在审查员和专利代理人的共同努力下找出发明对现有技术的创新之处。

（3）寻找发明申请创新点的过程需要付出艰苦的劳动，需要有细致入微的工作态度。如本案例，本发明与现有技术的区别隐藏在很小的细节中，如不擅于探索细节，起死回生的机会也会最终失去。

建立评价指标是答复创造性的关键

刘士宝

【摘 要】

　　本文是一种针对于答复创造性的审查意见的方法，提出了对于创造性的判断，不应仅仅对比技术特征本身，而是应当从技术方案的整体以及其所应用的技术领域出发，解读技术特征，并以解读技术本身为前提，建立该技术的客观评价指标，以及依据建立的评价指标正确地认知该技术方案是先进还是落后，实现总领于同领域中各项技术的高度，整理出清晰地判别出每项技术的优劣的认知，进而作出相对应的意见陈述。

【关键词】

　　评价指标　技术解析　因素考量　同纬度对比

一、案情概述

1. 本专利概述

申请号：201110455737.9。

发明名称：基于一维模拟系统的足球射门训练装置。

独立权利要求："基于一维模拟系统的足球射门训练装置，其特征是：它包括球门、N 个指示灯（1）、一维模拟系统和控制单元；N 个指示灯（1）分别固定在球门的球网的 N 个节点上；一维模拟系统包括一维导轨（2）、一维移动车（3）和人型模拟板（4），所述一维导轨（2）沿球门长度方向铺设在球门的两个门柱之间，一维移动车（3）与一维导轨（2）滑动连接；人型模拟板（4）固定在一维移动车（3）上；控制单元包括控制模块（10）、一维驱动电路（31）和一维驱动机构（32）；N 个指示灯（1）的控制信号输入端分别与控制模块（10）的 N 个指示灯控制信号输出端连接；一维驱动电路（31）的驱动信号输入端与控制模块（10）的驱动信号输出端连接；一维驱动电路（31）的驱动信号输出端与一维驱动机构（32）的驱动信号输入端连接；一维驱动机构（32）用于驱动一维移动车（3）移动；N 为大于 3 的正整数。"

2. 审查意见概述

第一次审查意见的内容是所有权利要求均不具备创造性。

审查员引证对比文件 1 和对比文件 2 证明权利要求 1~9 全不具备创造性。

对比文件 1：JP 特开平 10-15138A（以下简称"D1"）：一种可用于足球的训练装置。

对比文件 2：CN2757876Y（以下简称"D2"）：一种多功能足球训练模拟人装置。

3. 答复要点及审查结果

该案的答复思路为：对于创造性的判断，不应仅仅对比技术特征本身，而是应当从技术方案的整体以及其所应用的技术领域出发，解读技术特征，然后再进行创造性的评价。

审查结果：该案经过一次答复之后就被授予专利权。

二、分析过程及答复方案

1. 分析过程

本发明是足球训练中的一项技术，即：射门。抛开本发明、对比文件和审查意见，专利代理人应先解析如何是足球中的射门和如何是有效射门两项内容。

解析 1：将射门的动作进行拆解，射门时，球员的一足用于支撑，另一足摆动、接触足球、给足球动能以使足球沿力的方向运动、随动保持。

解析 2：有效射门：①足球的运动轨迹位于球门的两个门柱与横梁之间；②能够避开影响足球运行方向上的障碍；③尽可能快的速度。其中，能够避开影响足球运行方向上的障碍还要考虑障碍的移动性，即：障碍的延长空间。

还应获知：障碍的延展空间与足球的运行速度成正比，即：球速越慢，障碍的延展空间将会越大，极限为：球速为 0，则障碍的延展空间为无限空间。

解析后，直接获得考量一项足球射门训练技术的评价因素：

（1）在速度一定的前提下，是否能够更好地躲避障碍及障碍的延展空间；

（2）在第（1）条的条件下，是否能够保证足球的运动轨迹的终点位于球门的两个门柱与横梁之间。

2. 答复方案

回到本案，由于不涉及球员本身的改变，如：体能条件、状态条件、心理因素的改变，也不涉及自然环境的改变，如：时间条件、场地条件、温湿度条件等，因此，在此基础上，可以根据上述评价因素进行同纬度的对比。

回归分析本申请、审查意见、D1、D2，以及 D1 + D2。

寻找到区别点：D1 + D2 不具备障碍的延展空间，即 D1 + D2 在射门时，障碍不产生任何移动。而本发明中，障碍会有随机方式的移动，这符合球员运动的随机性，因此也具备障碍的延展空间。

上述内容显然成立，由于上述内容的成立，那么就衍生了本发明的重要特征：在障碍的随机延展空间下进行随机应变式射门训练。而足球领域的技术人员能够非常明确这一点的重要性，这种应变将在电光火石般的射门机会出现时发生质的变化，将直接导致射门的成功。这也是球员，尤其是射手最需要的能力。

分析到这里，专利代理人已经有了足够的把握，进行下述操作：

在补入对应技术特征和修改发明目的后作出如下意见陈述：申请人认为新权利要求 1 与对比文件 1 和对比文件 2 的基础上结合本领域的惯用技术手段相比具备创造性。

（1）新权利要求 1 与对比文件 1 和对比文件 2 的基础上结合本领域的公知常识相比具有突出的实质性特点：即：

"它还包括开关垫（5），所述开关垫（5）设置在球门前方，所述开关垫（5）的开关量信号输出端与控制模块（10）的开关量信号输入端连接。

控制模块（10）在接收到开关垫（5）发送的开关量信号之后，发出驱动信号控制一维驱动机构（32）模拟守门员开始做一维运动，同时控制 N 个指示灯（1）中的一个发光。"

总结上述特征为：本发明包括球员在起脚射门瞬间的应变能力训练部分。

上述区别技术特征在对比文件 1 和对比文件 2 中均没有公开。并且，申请人综合目前国内外同领域内的发展现状认为：并没有能够在足球训练中实现在起脚射门瞬间的应变能力训练装置的记载。并且，申请人认为，采用本发明的装置在足球训练中实现在起脚射门瞬间的应变能力训练并不是本领域技术人员的惯用技术手段。因此，在本申请提出之前，对于本领域技术人员而言，本发明采用的技术方案并不是显而易见的，因此，相对于本申请不具有技术启示。

在对比文件 1 中，申请人的研究方向实质上是对足球射门过程中对足球落点的训练装置，明确指出及根据公知常识可以推出两种技术手段，第一种是通过足球击打相应板块上实现点亮指示灯，第二种是先点亮指示灯提示作为球员的击打目标进而进行训练，而无论这两种的哪一种，都无法实现本发明的目的，即：足球的射门中球员在起脚射门瞬间的应变能力训练。第一种方案仅仅是对足球球员射门后足球落点的显示，第二种方案需要预先点亮指示灯，球员根据指示灯决定射门的目标角度。这两种方案都不能在球员在起脚射门的瞬间，即：球员已经作出摆腿动作，但尚未接触足球，在这个时间点上，对射门目标及球门前的状态发生瞬时变化，从而使球员作出应变动作，进而完成射门。

对比文件 2 的研究方向是在球员射门时制造障碍增加射门难度以进行足球训练，通过预先设置人型障碍的位置实现。这种方式在一次射门时，人型障碍板是不产生移动的，因此自然无法实现球员在起脚射门瞬间的应变能力训练。

本发明是足球项目中射门技术中一项前沿技术，强调于训练运动员的临场应变能力，本发明研究的是在球员已经作出摆腿动作，但尚未接触足球这一时间段上，通过瞬间改变守门员模型的位置，以及目标指示灯的变换，从而使运动员作出瞬时应对反应，改变触球的位置、脚法、角度、力度等多个因素，从而完成射门。而这整个的控制过程全部由运动员完成，运动员通过踩踏开关垫，作为场景变换的起始点，该种控制模式保证了瞬间应变能力的训练效果。

申请人认为：本申请与对比文件 1 和对比文件 2 的基础上结合本领域的公知常识相比，相对于本领域技术人员而言不是显而易见的，是需要付出创造性劳动的，因此，新权利要求 1 与对比文件 1 和对比文件 2 的基础上结合本领域的公知常识相比具有突出的实质性特点。

（2）新权利要求 1 与对比文件 1 和对比文件 2 的基础上结合本领域的公知常识相比具有显著进步：

本发明开拓性地提出了一种基于一维模拟系统的足球射门训练装置，它通过指示灯对球员射门区域进行指示，训练球员把握射门过程中瞬间出现的机会，从而提高球员的射门意识，提高球员把握机会的能力。

以上效果，本领域技术人员在对比文件 1 和对比文件 2 的基础上结合本领域的公知常的方式，不仅是无法达到的，而且相距甚远。

综上所述，新权利要求 1 与在对比文件 1 和对比文件 2 的基础上结合本领域的公知常识相比具有显著的进步。

因此，申请人认为本申请的新权利要求 1 与在对比文件 1 和对比文件 2 的基础上结合本领域的公知常识相比具有创造性。

结果：本申请经过上述答复后直接获得授权。

三、感想和心得

对于答复审查意见，对于技术的解读是非常重要的，这种解读要客观，要以事实为依据。最佳的解读方式是先行抛开申请文件与对比文件，也不考虑审查意见，仅仅从一项技术的客观实际出发，剖析该技术的实质，以及分析该技术在其领域内的整体水平、发展方向乃至其发展瓶颈。此时，专利代理人变身成为"观察员"，从"观察员"的视角给出一项技术客观的评价，这个评价体系或指标能够客观地判断出一项技术是先进还是落后。如果实现总领于一个领域中各项技术的高度，自然也能清晰地判别出每项技术的优劣。

然后，再由"观察员"转换回"专利代理人"，根据评价体系分析申请文件和对比文件，那么其技术的优劣就能够被清晰地认定。此时，再研读审查意见，分析审查员给出的评价结果，则可以准确地获知审查员评价结果的正确性，对其论述的不正确之处，自然也一目了然。此时，再作出针对性的争辩，其争辩的角度、逻辑也自然清晰明确，当然应该被审查员认可，并获得专利权。

四、结束语

本专利于 2014 年 1 月 21 日取得授权。本专利申请的争辩角度被挖掘得很深，其中较重要的部分是提出了对足球领域技术评价指标，使与审查员在技术上的探讨提升到了更高的层面，加之论证过程有理有据，最终扭转了审查员的认知，取得了专利权。在此基础上，由于专利代理人与审查员在对该技术的探讨已经达到了足够深的层次，自然也对后续的权利稳定性起到了巨大的提升作用。

区别技术特征的作用
在创造性的答复中的重要性

侯　静

【摘　要】

《专利法》第22条第3款所述创造性，是指与现有技术相比，该发明具有突出的实质性特点和显著的进步。创造性问题一直是在发明专利申请中困扰发明人及专利代理人的主要问题。准确找出发明与对比文件的区别技术特征是答复的关键，然而在这一过程中往往会忽略区别技术特征实际的作用，错失答复的良机。笔者以自己撰写的成功创造性案例为例，分析化学领域中区别技术特征的作用在创造性的答复中的重要性，希望能有所启示。

【关键词】

创造性　区别技术特征　解决的技术问题　防水隔热夹层

一、案例概述

申请号：201010134265.2。

发明名称：用于防水隔热面料的防水隔热夹层。

本发明保护一种防水隔热夹层，审查员检索到一篇中文专利（CN1875060A），公开了一种可用于服装的气凝胶/聚四氟乙烯复合绝缘材料，用来评价本发明的权利要求都不具备创造性。经过专利代理人仔细分析，一次答复通过，获得专利权。

本发明权利要求1："用于防水隔热面料的防水隔热夹层，其特征在于该防水隔热夹层从内至外由疏水性气凝胶粉体填料2和聚四氟乙烯密封外层1组成，疏水性气凝胶粉体填料2均匀铺展于聚四氟乙烯密封外层1中，控制防水隔热夹层的厚度为0.5mm~30mm。"

本发明权利要求1防水隔热夹层的复合方式：是先形成一个带有空腔的聚四氟乙烯外套，然后将疏水性气凝胶粉体填料从开口处灌入或者采用注射器注入聚四氟乙烯外层中，再将开口处密封。

图1　防水隔热夹层的纵向剖面结构

审查意见引证对比文件1证明本发明所有权利要求不具备创造性。

对比文件1（CN1875060A）公开了一种可用于服装的气凝胶/聚四氟乙烯复合绝缘材料，且该材料也具有防水隔热的作用，并具体公开了：防水隔热夹层从内至外由二氧化硅气凝胶颗粒填料42（为一种疏水性气凝胶粉体填料）和膨胀的聚四氟乙烯密封外层41a和41b组成，二氧化硅气凝胶颗粒填料42设置于膨胀的聚四氟乙烯密封外层中，控制复合结构的厚度为0.5～50mm。如图2所示。

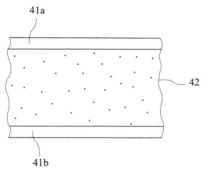

图2　防水隔热夹层的横向剖面结构

对比文件1防水隔热夹层的复合方式：膨胀的聚四氟乙烯外层是通过粘合、粘结或非粘合的方式与内层的块状的芯材料结合。

审查员认为区别特征为：对比文件的填料层为气凝胶和聚四氟乙烯的混合物，该技术特征所起的作用为提高可成型性和强度。

本发明的填料为气凝胶粉体，本发明的防水隔热夹层用于制作防水隔热面料对强度要求不高，因此将疏水性气凝胶粉体填料均匀的置于外层中是本领域的常规选择，无需本领域技术人员付出创造性劳动即可做到，且效果是可以预料的。

二、答复思路

由于本发明权利要求的技术方案比较简单，技术特征较少，能够找到的区别技术特征自然也很少，这给答复增加了难度。

在分析本案时，首先以审查员找到的区别技术特征为基础，将本发明与对比文件 1 比较，重新查找区别技术特征；然后根据区别技术特征确定要解决的技术问题。

本发明与对比文件 1 的区别技术特征确实如审查员所述，在于填料层（本发明是气凝胶粉体，对比文件是气凝胶粉体和聚四氟乙烯的混合物）。

但经过与发明人仔细探讨，得知本发明和对比文件填料层的作用十分不同，本发明中防水隔热夹层的芯材料为疏水性气凝胶粉体填料。气凝胶颗粒之间存在间隙，并均匀铺展于聚四氟乙烯密封外层中，且气凝胶粉体填料为细小颗粒状，具有可流动性，因此其芯材料的透气性好，使得防水隔热夹层具有良好的透气性。

对比文件 1 的芯材料为气凝胶和聚四氟乙烯的混合物，聚四氟乙烯将气凝胶颗粒的间隙充满，最终形成的是块状物，透气性就要大大降低。

分析到这里，专利代理人已经有了足够的把握，进而进行了下述操作：

在补入对应技术特征和修改发明目的后作出了如下意见陈述：专利代理人认为新权利要求 1 与对比文件 1 及结合本领域的惯用技术手段相比具有创造性：

（1）本发明中权利要求 1 与对比文件 1 相比防水隔热夹层的芯材料不同。

本发明权利要求 1 中防水隔热夹层的芯材料为疏水性气凝胶粉体填料。气凝胶颗粒之间存在间隙，并均匀铺展于聚四氟乙烯密封外层中，且气凝胶粉体填料为细小颗粒状，具有可流动性，因此其芯材料的透气性好，使得防水隔热夹层具有良好的透气性。

对比文件 1 的芯材料为气凝胶和聚四氟乙烯的混合物，聚四氟乙烯将气凝胶颗粒的间隙充满，最终形成的是块状物，透气性就要大大降低。

因此本发明权利 1 相对于对比文件 1 要解决的技术问题是防水隔热夹层透气性较差的问题。

本发明权利要求 1 防水隔热夹层的外层为聚四氟乙烯密封外层，复合方式是先形成一个带有空腔的聚四氟乙烯外套，然后将疏水性气凝胶粉体填料从开口处灌入或者采用注射器注入聚四氟乙烯外层中，再将开口处密封。

对比文件 1 虽然也公开了防水隔热夹层具有聚四氟乙烯外层，但并没有任何一处显示其为密封的聚四氟乙烯外层，而是通过粘合、粘结或非粘合的方式与内层的块状的芯材料结合。因此本领域技术人员结合现有技术无法想到要将芯材料完全改为具有可流动性的气凝胶颗粒，灌入或注入聚四氟乙烯外层中，以解决防水隔热夹层透气性差、可折叠性差的问题。因此对比文件1没有给出解决本发明问题的技术启示，本发明权利要求1具有突出的实质性特点。

（2）本发明权利要求1具有显著的进步。

本发明权利要求1与对比文件1相比，防水隔热夹层的透气性更好，且具有质量轻、质地柔软、应用方便的优点，更适合作为面料使用，具有显著的进步。

因此，专利代理人认为本申请的新权利要求1与对比文件1及结合本领域的公知常识相比具备创造性。

三、心得体会

在答复创造性审查意见时，准确地找出本发明与对比文件的区别技术特征，是答复的关键，然而在这一过程中往往会忽略区别技术特征实际的作用，错失答复的良机。

在本案中，权利要求的技术方案比较简单，技术特征较少，因此较为容易确定区别技术特征。审查员虽然准确地找出了区别技术特征，但是忽视该区别技术特征在发明中所起到的作用。因此就没有准确找出发明相对于最接近的对比文件所解决的技术问题。

因此，在确定发明相对于最接近的对比文件的区别技术特征时，不能仅仅关注区别技术特征本身，而忽视该区别技术特征在发明中所起到的作用。

不怕困难勇于挑战审查意见

孟宪会

【摘　要】

作为专利代理人，可怕的不是答复所有权利要求都不具备创造性，而是在一件发明专利的答复过程中，涵盖了多种类型的审查意见，要想让这样一件经历过百般质疑的专利申请最终得到审查员的认可，不是一件容易的事情。但是我们不怕，我们拥有技术专家，拥有发明人的积极配合作为强有力的后盾，拥有法律知识完备的战友，面对审查员的质疑，我们毫无畏惧，坚持为审查员"答疑解难"。本文通过例举一件发明专利经过多次答复不同类型的审查意见最终授权的案例，来诠释我们是如何勇敢的应对和挑战发明专利审查意见的。

【关键词】

氮化炉　创造性　公开不充分　"三步法"　发明专利答复

一、案件概述

申请号：201010294743.6。

发明名称：一种气体氮化不停炉取样检测方法及其使用的氮化炉。

案件详述：本发明提供了一种气体氮化不停炉取样检测方法及氮化炉，即装置和方法的权利要求，用以解决现有的气体氮化过程中为保证氮化合格氮化炉渗氮时间长、成本高，以及现有的氮化炉，无法在不停炉的状况下取样的问题。

方法独立权利要求："一种气体氮化不停炉取样检测方法，其特征在于：气体氮化不停炉取样检测方法的具体步骤如下：步骤一：将工件的非氮化表面进行防渗氮处理；步骤二：打开氮化炉，将工件和随工件终检试样放入氮化罐（10）内；步骤三：每个氮化试样（3）均通过一根取样拉丝（5）悬吊在氮化罐（10）内；步骤四：盖好取样孔密封盖（4），启动氮化炉，通入氨气，将氮化罐（10）加热至450℃~650℃；步骤五：按工艺参数进行渗氮保温；步骤六：当保温时间接近工艺规定时，将取样孔密封盖（4）打开，拉动一根取样拉丝（5）取出相应的氮化试样（3），然后盖好取样孔密封盖（4）；步骤七：检测该氮化试样（3）的氮化硬度、渗层深度和脆性等全部要求，若氮化试样（3）合格，停炉，待冷却室温后断氨，取出工件；若抽出的氮化试样（3）不合格，则根据检测结果，调整工艺继续保温氮化，随后按照步骤六取出氮化试样（3），再次进行检测，直至氮化试样（3）合格，停炉，待冷却室温后，取出工件。"

装置独立权利要求："所述氮化炉，它包括氮化罐（10）和氮化罐上盖（6），氮化罐上盖（6）密封安装在氮化罐（10）上，其特征在于：氮化炉还包括取样孔（1）、砂封外圈（2）、取样孔密封盖（4）、多个氮化试样（3）和与氮化试样（3）的数量一致的取样拉丝（5），氮化罐上盖（6）的上端面上开有取样口（7），取样孔（1）密封插装在取样口（7）内，且取样孔（1）的上端面高于氮化罐上盖（6）的上端面，取样孔（1）的下端置于氮化罐（10）内，砂封外圈（2）固定安装在氮化罐上盖（6）的上端面上，且与取样孔（1）套装，砂封外圈（2）的内壁与取样孔（1）的外壁之间形成环形砂封槽（8），环形砂封槽（8）内装有铬矿砂（9），取样孔密封盖（4）的下端插装在铬矿砂（9）内，取样孔密封盖（4）的下端面与环形砂封槽（8）的底面之间留有间隙，且取样孔密封盖（4）上端的平板与取样孔（1）的上端面之间留有间隙，每根取样拉丝（5）的一端与一个氮化试样（3）连接，将氮化试样（3）吊挂在氮化罐（10）内，每根取样拉丝（5）的另一端穿过铬矿砂（9）置于环形砂封槽（8）的外部。"

说明书附图1：

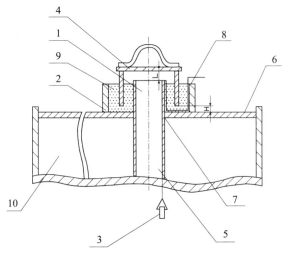

二、第一次审查意见的概述

对比文件 1（CN1012506B）的名称：一种利用氮化炉氮化的方法。对比文件 2（CN2890077Y）的名称：一种氮、碳、氧多元复合渗井式炉，其公开了通过在井式炉中取出试片进行检测的技术方案。第一次审查意见的结论是：所有权利要求都没有创造性。不符合《专利法》第 22 条第 3 款的规定。

三、第一次审查意见的答复

1. 对方法独立权利要求的分析

分析对比文件 1。对比文件 1 中公开的是一种氮化炉氮化的方法，本发明方法独立权利要求中公开的是气体氮化炉氮化以及不停炉取样的方法。通过对比和分析可知，对比文件 1 与本发明的技术领域相同，解决的技术问题相近，所公开的技术特征最多，因此，对比文件 1 为最接近的现有技术，由此可知，本发明方法权利要求与对比文件 1 之间的区别技术特征为不停炉取样的方法。

分析对比文件 2。对比文件 2 中公开的是一种多元复合渗井式炉，而且还公开了在多元复合渗井式炉上盖上设置试片取样管，试片取样管内放入与被加工材质相同的试片，通过取出取样管中的试片来检测处理情况。审查员在审查意见中指出，对比文件 2 中公开的技术方案能够解决"不停炉取样检测的技术问题"，笔者经过多次仔细研读对比文件 2 发现，由于氮化过程中通入的是氨气，氨气有毒，在通过取出试片进行检测时，必须要降温、停炉，在停炉的状态下才能进行检测，因此，对比文件 2 中的技术方案根本无法实现"不停炉取样检测的技术问题"，审查员结合对比文件 2 中公开的内容，就断言对比文件 2 能够解决"不停炉取样检测的技术问题"是不成立的，这种断言也是错误的。

2. 对装置独立权利要求的分析

审查意见中采用了对比文件 2 来评论本发明的装置独立权利要求没有创造性，通过对方法独立权利要求的分析可知，本发明与对比文件 2 的最大区别是面对有毒的氨气，对比文件 2 需要降温、停炉后才能进行取样检测，而本发明的发明点就在于不停炉就能进行取样检测，既然不停炉就能取样检测，肯定具有防止操作人员吸入有毒氨气的技术特征，本发明的装置独立权利要求中公开了砂封外圈和铬矿砂，用以实现氮化炉与外界之间的隔离，从而防止操作人员吸入有毒氨气。

3. 经上述分析之后，确定答复思路，采用以下策略进行实际答复

首先，对申请文件进行了修改：（1）针对方法权利要求和装置权利要求与对比文件1和对比文件2的区别技术特征进行修改本发明的发明目的。（2）重新布置权利要求，将权利要求2合并到装置独立权利要求1中，将权利要求4合并到方法独立权要求3中。其次，根据以上分析的内容能够准确找出创造性成立的区别技术特征，经过与发明人的交流沟通，采用更为专业和详细的论述来反驳审查员指出的对本发明创造性有影响的技术特征。使得本发明的论点更加充分，能够站住脚。最后，按照《专利审查指南2010》中关于创造性答复的"三步法"进行综合整理和论述。

4. 笔者对答复第一次审查意见的分析和点评

专利代理人在作创造性的答复过程中，不仅仅要对原始申请文件了如指掌，还要对对比文件进行多次仔细的研读，才能够找准创造性成立的区别技术特征，也就是对技术方案本身的一个升华；另外，在答复技巧方面，意见陈述中通过采用众多更为专业的技术方面的论述更容易得到审查员的认同，而且还要站在审查员的角度上，真正理解审查员所认定的该案不具备创造性的原因，做到有针对性的答复。因此，答复创造性问题是技巧与技术方案的有机结合，二者缺一不可。

四、第二次审查意见的概述

说明书中没有记载"实现快速检测步骤七中提到的氮化试样的氮化硬度、渗层深度和脆性的手段和方法"，导致本领域技术人员不能实现不停炉的取样检测并准确确定停炉时间的技术问题。第二次审查意见及结论是：说明书公开不充分。不符合《专利法》第26条第3款的规定。

五、第二次和第三次审查意见的答复

1. 对审查意见的分析过程

通过仔细研读审查意见，发现审查员指出的"试样的冷却和显微试样的准备以及检测均需要较长的时间，不能实现快速测量；同样其脆性和硬度的测量也需要较长的时间来完成"，这种推理判定似乎有些绝对，经过笔者回忆撰写案件时的情况，既然原始文件中没有描述"试件脆性和硬度的测量时间"，那么，上述时间就应该是公知的时间，为了验证上述内容的真实性与可靠性，笔者很容易地就在网上就找到了关于热处理方面的国家标准，即"（GB/T

11354－1989）钢铁零件渗氮层深度测定和金相组检验"标准中的金相法，据笔者查阅大量的资料了解到，检测硬度用维氏硬度计，该检测标准早在1989年就已经执行，在机械行业手册和互联网的网站上均可查，距当时已有24年的时间，因此，该检测是项很成熟的技术，对于检测人员来讲，也是一项成熟的检验方法，其检验时间也是公知的，属于一种公知、成熟的检验方法，笔者在做了深入的分析和调查后，向经验丰富的业内人士——发明人进行了交流、探讨和深入的分析，笔者的上述观点和证明材料得到了发明人的确认和肯定，由此，笔者和发明人对此次答复的信心激增。

2. 答复审查意见的过程

根据上述分析的内容，笔者采用举证的方式证明了审查员对于"试样的冷却和显微试样的准备以及检测均要较长的时间，试件脆性和硬度的测量也需要较长的时间"的推论是错误的，意见陈述过程中除了详细列举证据出处以及相关内容外，还结合实际的现场检验情况，具体陈述了金相室人员使用50～110分钟的时间肯定会完成20分钟即可完成的试样检查，无需增加检验的速度，不存在无法完成本发明技术方案的问题。准确地找到审查员存在疑惑的地方，为审查员解除疑虑，而且还做到陈述内容真实、可靠。

3. 对答复第二次审查意见的分析和点评

对于说明书公开不充分的审查意见，找到审查员真正有疑虑的地方是重中之重，只有找准审查员的"疑虑点"，才能准确地找到答复的突破口，真正做到所做的答复正是审查员所需要的，这样的答复才有针对性，才会有意义，通常我们会采用"未公开内容为公知常识并举证"的方式进行答复，这种答复方式如果有理有据最容易被审查员所接受，因此，我们无需畏惧说明书公开不充分的问题。即使遇到了无法通过"公知常识加举证"的方式进行答复，还可以采用其他方式进行答复，如：采用对权利要求书和说明书的修改或者意见陈述等方式进行答复。另外，还需说明：在采用"未公开内容为公知常识并举证"的方式进行答复时，要注意两个方面的内容：（1）一定要抓住并找准证据，并且进行详细充分的论述；（2）待举证问题是否是具备创造性的发明点，如果是具备创造性的发明点还要注意避开新颖性的问题。上述两个问题是专利代理人在答复时需要注意和小心的，当然，要做到具体问题具体分析。

通过第三次审查意见的答复，该案最终于2012年10月10日授权。

六、整个答复案件的心得

当发明专利进入实质审查程序后，只要审查员发出审查意见，就是在给申请人答复的机会，此时，无论接到什么类型的审查意见，申请人一定要牢牢抓住机会，不要轻易放弃，作为专利代理人，我们从不畏惧，未曾害怕，因为只要我们认真分析、梳理，总会找到答复的办法。我们一定会勇敢地抓住每一次答复机会，在保证申请人权益的前提下，争取早日授权，希望申请人相信专利代理机构的专业，相信专利代理人的能力，因此，我们的存在就是为申请人服务的。在科学技术飞速发展的今天，专利代理人站在发明专利命运的转折点上，任务是艰巨的，掌握过硬的专利代理业务能力是要务，如何正确引导并借助发明人的专业技术特长，使得发明专利顺利的经过各级"考官"的层层考验，踏上无可挑剔的巅峰，是专利代理队伍共同向往的目标。

具有显著进步与实际解决技术问题相关联的思考

高志光

【摘 要】

一项发明具备创造性的关键因素是突出的实质性特点，在利用"三步法"来判断一项发明创造性时，审查员与申请人通常在是否存在技术启示、是否显而易见的问题上存在分歧，从技术方案的发明实际解决技术问题出发分析判断，如果发明对于本领域技术人员是非显而易见的，基本上认定为发明具备创造性，然而，审查意见通知书往往给出的是权利要求的技术方案对本领域技术人员是显而易见的，从而导致权利要求不具备突出的实质性特点和显著的进步或者没有记载其他任何可以授予专利权的实质性内容这一结论。另外，在实际审查中，显著的进步为何避而不谈，发明实际解决的技术问题和显著的进步是否有一定关联，本文旨在通过分析经过答复后的授权案例，重新思考创造性答复中发明实际解决的技术问题。

【关键词】

创造性 非显而易见 显著的进步 发明实际解决的技术问题

一、案例简介

申请号：201210248669.3。

发明名称：利用多层多道焊层间焊接余热辅助振动降低厚板焊接残余应力的方法。

二、案情详述

本发明的独立权利要求：

"一种利用多层多道焊层间焊接余热辅助振动降低厚板焊接残余应力的方法，其特征在于：所述的降低残余应力的方法的具体步骤为：

步骤一、将激振器（6）固定在振动平台（3）上；

步骤二、通过焊接夹具上的装夹垫片（4）和工件装夹盖板（5）将待焊工件（1）装夹在振动平台（3）上；

步骤三、振前扫频，将加速度传感器（2）固定在待焊工件（1）上，利用加速度传感器（2）拾取振幅，通过逐渐增大激振器（6）的频率，并同时获取振幅信号获得一阶或二阶共振频率，在亚共振频率下调整激振力获得待焊工件（1）的固有频率；

步骤四、将加速度传感器（2）置于振动平台（3）上，根据待焊工件（1）的尺寸和坡口形式，选定焊接层数，对待焊工件（1）进行施焊；

步骤五、焊完一层后，在焊接余热状态下按照步骤三确定的固有频率，振动时效处理 5～12min，或振动至焊接工件的温度小于 150℃，如此重复，直至焊接过程完成。"

审查意见引用了一篇对比文件 1，对比文件 1 的公开号：CN202317429U，发明名称：用于合金焊件的振动焊接装置。

对比文件 1 的技术方案为：用于合金焊件的振动焊接装置，包括刚性支撑平板、橡胶减振垫、激振器、激振器夹具、激振器连接线、加速度传感器、加速度传感器连接线、工件夹具和控制器，其特征是：所述的刚性支撑平板下装有橡胶减振垫，所述的减振器依靠减振器夹具固定在刚性支撑平板上，激振器通过激振器连接线与控制器连接，加速度传感器一端通过加速度传感器连接线与控制器连接，另一方面通过自身磁性吸附在合金工件上，工件夹具对称固定在刚性支撑平板上。

审查意见对本发明的权利要求 1 的创造性的评述如下。

首先，审查意见认为：独立权利要求 1 与对比文件 1 公开的内容相比，其区别在于对比文件 1 所公开的内容没有披露如下技术特征：（1）焊接时将加速度传感器置于振动平台上，每层焊接后在余热状态下重复进行振动时效以及振动时效的温度和时间参数；（2）采用装夹垫片和工件装夹盖板来装夹工件，根据工件尺寸和坡口形式以及选定焊接层数进行焊接。

其次，审查意见指出已经公开了"对合金工件边振动，边焊接"的有效消除残余应力的方法，这种边振动边焊接的方式实际已经借助了焊接余热状态，根据对比文件 1 给出的启示，本领域技术人员有动机应用到层状厚板并依据层状厚板特点获得每层焊接后在余热状态下重复进行振动时效的技术方案，至于具体参数是本领域技术人员通过合乎逻辑的分析或推理可以得到，工件的夹紧方式是本领域的常规选择，是容易想到的。

最后，审查意见指出，在对比文件 1 的基础上结合公知常识，获得权利要求 1 的技术方案，对所属技术领域的技术人员来说是显而易见的，权利要求 1 所要保护的技术方案不具备突出的实质性特点和显著的进步，权利要求 1 不具备《专利法》第 22 条第 3 款规定的创造性。

审查意见对权利要求 1 的创造性评述中，审查意见所指出的本发明的权利要求 1 与对比文件 1 的区别技术特征是正确的。

但是，对比文件 1 没有给出区别技术特征所确定的本发明实际解决的技术问题，同时，审查意见关于对比文件 1 给出有动机应用到层状厚板并依据层状厚板特点获得每层焊接后在余热状态下重复进行振动时效的技术方案的启示的论断是错误的。

对比文件 1 中工件的"边振动、边焊接"属于振动焊接，振动焊接对熔池的宏观的影响通过两个方面进行：一是焊件在作受迫振动时通过熔池壁与熔池金属作用，使液态金属亦作受迫振动；二是焊接电弧因焊件的上下振动而时长时短，电弧压力因而时大时小，相当于在熔池液态金属表面作用了一个周期性激振力，从而使液态金属扰动。

笔者仔细研读审查意见评述及对比文件 1 的技术方案后，认为本发明的权利要求 1 与对比文件 1 的相比的区别技术特征所确定的发明实际解决的技术问题是：提供一种利用多层多道焊层间焊接余热辅助振动降低厚板焊接残余应力的方法，以实现降低厚焊工件内部残余应力。

为解决该实际技术问题，其一，本发明的多层多道焊层间焊接余热辅助振动时效中，机械振动的作用对象为每层焊道所形成的焊缝及其热影响区处于高温状态下的固态金属，由于金属材料的屈服强度随着温度的升高而降低，因此，在各层焊道间焊接余热所带来的高温作用下，在焊缝及其附近的热影响区的高应力区的残余应力与外界的机械振动引入的外加应力的合力作用下，构件焊缝及其附近热影响区处固态金属的高应力区更易发生微区塑性变形，实现残余应力的释放；其二，机械振动对不同状态（液态/固态）的金属产生的作用不同，直接导致本发明与对比文件 1 改善焊接结构性能的微观机理的不同，对比文件 1 的振动焊接中作用于液态金属的情况下，液态金属凝固后，将出现晶粒细化及焊接缺陷减少的现象；机械振动对相起伏和能量起伏两方面的影响使得焊缝中出现自发形核的几率大增，焊缝中心出现等轴晶；机械振动打碎了熔池中正在生长的柱状树枝晶，使得柱状树枝晶的尺寸减小；等轴晶的数量增多同样会限制柱状树枝晶的大小；机械振动所引起的熔池液体的扰动，使液体流动速度加快，减少了成分过冷区的大小，抑制了柱状树枝晶的长大速度；机械振动焊接焊缝晶粒细小，同时，机械振动引起的液态金属强烈对流，使溶质扩散迅速，焊缝溶质的宏观偏析程度显著减少，焊缝中气孔和夹渣数量会大量减少。因此，振动焊接对焊接构件组织的影响是：晶粒细化，减少偏析及焊接缺陷。本发明的机械振动作用于高温状态下的固态金属，机械振动处理结束后，材料内部的位错形态将发生变化，使局部的金属发生塑性变形。在材料发生塑性变形过程中，其微观组织的变化表现在位错上，在高温与外加机械振动的作用下，处于焊缝固态金属高应力区域的金属材料内部的位错更易启动并发生位错运动，使得局部区域的残余应力得到释放，材料位错形态发生变化。

从上面分析可看出，对比文件 1 没有动机将"边振动边焊接"这一技术手段应用到厚板焊接中，并依据厚板层状特点获得每层焊接后在余热状态下重复进行振动时效的技术方案，以解决降低厚板焊接残余应力这一技术问题，也就是说对比文件 1 未给出应用其所披露的"边振动边焊接"来解决本发明降低厚板残余应力问题的技术启示，因而由对比文件 1 得到权利要求 1 的技术方案对本领域的技术人员来说是非显而易见的。

三、体会思考

上述案例经过创造性的答复后授权，但是，笔者在思考，在审查意见通知书里没有明确指出区别技术特征得到发明实际解决技术问题的情况下，如果不深刻解读和分析审查意见，也即没有从发明实际解决的技术问题去分析判断发明的技术方案，只是顺着审查意见的审查思路从表观上思考，那么这个案子很可能就没有希望了。

随后，笔者又重新解读了《专利审查指南 2010》关于发明实际解决的技术问题的定义：是指为获得更好的技术效果而需对最接近的现有技术进行改进的任务。既然是指为获得更好的技术效果而需对最接近的现有技术进行改进的技术任务，如果本发明解决了对最接近的现有技术进行改进的技术任务这一问题，应该比最接近的现有技术有更好的技术效果，这么看来，判断显著进步与判断实际解决技术问题的作用相同。然而，在用"三步法"判断非显而易见性的过程中，已经从技术方案的本质和表象两方面予以了综合考虑，既要求了技术方案本身包含有未被技术启示所使用的区别技术特征这样的本质，又要求了技术方案相对于现有技术有所改进、有更好效果这样的表象，已经分别对应并满足了创造性所要求的突出的实质性特点和显著进步。如此看来，在创造性审查中，发明实际解决的技术问题的内涵分别对应了突出的实质性特点和显著的进步。

找到并正确理解审查意见中的启示性意见

黄 亮

【摘 要】

对于没有引用新对比文件的第 N（$N>1$）次审查意见创造性的答复，不仅要读懂原始技术方案，正确领会审查意见更是重中之重，"没有引用新对比文件"说明我们上次答复没有得到审查员的认可，那么我们要认真分析对上次答复的"意见陈述的评述"和"审查意见的结论"，通过分析"意见陈述的评述"找到否定我们上次答复的原因，通过"审查意见的结论"分析审查意见是全面否定该专利，还是仅仅否定了上次答复，我们要正确解读"意见陈述的评述"和"审查意见的结论"，在分析审查意见的正确与否的同时，更要仔细找到在审查意见中留下的启示性意见，如果存在启示性意见，依据启示性意见进行答复，在肯定审查意见的前提下，按照审查意见进行再次答复，这是第 N（$N>1$）次审查意见答复成功的关键。

【关键词】

正确理解 启示性意见 意见陈述的评述 审查意见的结论

一、案件概述

申请号：201110027976.4。

发明名称：一种丙烯酸甲酯的合成方法。

二、案件详述

1. 案例概况

第一次审查意见，引用了两篇对比文件，认为所有权利要求都不具备创造性；第二次审查意见，没有引用新对比文件，认为所有权利要求还都不具备创造性。

2. 原始文件记载内容

一种丙烯酸甲酯的合成方法，优点是，具有催化剂制备过程简单，产物粒子形貌和孔尺寸可控等特征。用透射电镜（TEM）、扫描电镜（SEM）、物理吸附与化学吸附（TPD、TPR）以及 X 衍射（XRD）等手段对样品进行表征，所制得的催化材料形貌呈大孔有序笼状结构，大孔分布均匀，孔径平均约为 150 nm，大孔之间由直径在 30~40 nm 的孔窗相连，孔壁具有一定厚度，孔道通透，存在单一分布的 5nm 左右的介孔孔径。使用效果证明该催化剂具有较好的催化活性与选择性，并具有较长的使用寿命。测试结果表明催化剂具有酸碱双中心，活性组分负载均匀。丙烯酸甲酸酯的收率可达 53%~55%。

3. 第一次审查意见

审查员检索了一篇中文期刊（$Cs-Sb_2O_5/SiO_2$ 催化剂用于合成丙烯酸甲酯，荆涛等，化学工程，第 38 卷第 5 期，第 83~86 页，2010 年 5 月 31 日）和中国专利（催化剂分段填装方式合成丙烯酸甲酯的方法，CN101575290A，2009 年 11 月 11 日），对比文件 1 公开了采用 $Cs-Sb_2O_5/SiO_2$ 型固体碱为催化剂催化合成丙烯酸甲酯的方法，对比文件 2 公开了 Sb_2O_5 溶胶的制备方法和采用 $CsNO_3$ 作为浸渍溶液。而本专利保护是采用大孔/介孔 $Cs_2O-Sb_2O_5/SiO_2$ 为催化剂催化合成丙烯酸甲酯的方法；在采用催化剂不同的前提条件下，依托该发明的丙烯酸甲酸酯的收率可达 53%~55%，与对比文件 1 公开最佳效果 47.6% 进行对比，进行第一次意见陈述，论述本专利由于采用大孔/介孔 $Cs_2O-Sb_2O_5/SiO_2$ 为催化剂，取得丙烯酸甲酯的收率可达 53%~55% 的效果。

4. 第二次审查意见

审查员没有检索新的对比文件，也没有认可第一次意见陈述，但是审查意见对第一次意见陈述结论如下：

申请人的上述意见陈述不具备说服力。具体如下：（1）尽管本申请的催化剂与对比文件 1 的催化剂中 Cs 的价态不同，但是，两者的制备方法非常相似，都在 550℃下焙烧，理论上来说 Cs 的价态应该是一样的，而且，在如此高温下反应，Cs 很难以单质的形态存在，相关以其氧化物的形式即 CS_2O 是更合理的；另外，尽管本申请描述了"大孔/介孔"，但是，对比文件 1 公开了"所述负载在载体表面负载均匀，且在催化剂间存在大量的 50~200nm 的孔道"，而本申请说明书对大孔解释为"孔径平均约为 150nm"，因此，对比文件 1 隐含公开了所述催化剂是"大孔/介孔"；因此，根据本申请和对比文件 1 公开的内容，本申请的催化剂与对比文件 1 的催化剂并无本质区别；（2）申请人强调本申请的收率可达 53% ~ 55%，而对比文件 1 仅为 47.6%；但是，首先，本申请仅有的实施例 1 ~ 2 中，采用的进料空速以及甲醛与醋酸甲酯的摩尔比均没有落入权利要求 1 的范围之内，因此本申请没有提供可靠的证据证明权利要求 1 的技术方案确实能产生收率可达 53% ~ 55% 的技术效果；其次，本申请权利要求 1 采用的进料空速、甲醛与醋酸甲酯的摩尔比与对比文件 1 都存在差别，因此，没有证据表明是由于上述催化剂给本发明的收率带来预料不到的技术效果。基于上述理由，如果申请人不能在本通知书规定的答复期限内提出表明本申请具有创造性的充分理由，本申请将被驳回。

对审查意见的分析：首先审查意见中指出"申请人的上述意见陈述不具备说服力"，即审查员认定对第一次审查意见的意见陈述和修改后的权利要求没有得到审查员的认可，因此确定第一意见陈述没有完全得到审查员的认可；且根据审查员指出的理由（1）确定审查员否定第一次审查意见陈述"采用的催化剂不同"的观点，因此给出相应的结论：本申请的催化剂与对比文件 1 的催化剂并无本质区别；根据审查员指出的理由（2）确定没有证据表明是由于上述催化剂给本发明的收率带来预料不到的技术效果，即审查员反驳第一次审查意见陈述中由于"采用的催化剂不同"提高丙烯酸甲酯的收率的结论；综上所述审查员不认可第一次审查意见陈述。

但是，本专利就没有授权前景了吗？难道审查员就没有一点认可第一次审查意见陈述的内容吗？就只能放弃吗？如果这么想就大错特错了。

"一通"修改后的权利要求 1 记载内容：

"一种丙烯酸甲酯的合成方法，其特征在于以醋酸甲酯和甲醛为原料，采用常压气 - 固相固定床反应器装置，催化剂装填量为 1.2g ~ 2.0g，在反应温度为 360 ~ 420℃，进料空速为 $1 ~ 3h^{-1}$，反应物料甲醛与醋酸甲酯的摩尔比为 1∶1 ~ 2 的条件下进行反应，丙烯酸甲酯的收率可达 53% ~ 55%；所述的催化剂为负载型三维有序大孔/介孔固体催化剂，该催化剂采用以下方法制备：

（1）将正硅酸乙酯与乙醇按体积比为 1 ~ 2∶1 的比例加入到 250ml 三口瓶中，加入 30ml 水，水浴至 50℃，用 HNO_3 调节 pH 4 ~ 5，加入少量十六烷基三甲基溴化铵为表面活性剂，搅拌 3 小时配制成 SiO_2 溶胶；

（2）将 20 ~ 30g Sb_2O_3 与 20 ~ 30ml 蒸馏水混合于 50ml 三口瓶中，加热至 80℃搅拌稳定后，再加入三乙醇胺 2 ~ 3ml，搅拌 15min 后升温至 90℃，再滴加 2.5 ~ 3ml H_2O_2，继续搅拌 60 ~ 90min，直至溶液由白色悬浊液变为无色透明液；

（3）将两种溶胶按体积比为 6 ~ 8∶1 的比例充分混合，并调节 pH = 8 ~ 10，采用原位方法将聚苯乙烯模板剂与混合液以浸渍、超声、抽滤的方式组装，再于 60 ~ 80℃下烘干 1h、丙酮与四氢呋喃萃取，反复 3 ~ 5 次，在通入空气条件下程序升温至 550 ~ 600℃恒温焙烧 8 小时，制得大孔 Sb_2O_5/SiO_2 材料；

（4）将上述的大孔 Sb_2O_5/SiO_2 材料采用水热法 - 回流浸渍负载 $CsNO_3$ 中，烘干后再经程序升温到 550 ~ 600℃焙烧，制得大孔/介孔 $Cs_2O - Sb_2O_5/SiO_2$ 催化剂。"

实施例 1 记载内容：

"将正硅酸乙酯与乙醇按体积比为 1.2∶1 的比例加入到 250ml 三口瓶中，加入 30ml 水，水浴至 50℃，用 HNO_3 调节 pH = 4，加入少量十六烷基三甲基溴化铵为表面活性剂，搅拌 3 小时配制成 SiO_2 溶胶。另将 20g Sb_2O_3 与 20ml 蒸馏水混合于 50ml 三口瓶中，加热至 80℃搅拌稳定后，再加入三乙醇胺 3ml，搅拌 15min 后升温至 90℃，再加入 3ml H_2O_2（滴加），继续搅拌 90min，直至溶液由白色悬浊液变为无色透明锑溶胶。

将两种溶胶按 6∶1（体积比）充分混合，并调节 pH = 10。采用原位方法将聚苯乙烯模板剂与混合液以浸渍、超声、抽滤的方式组装，再于 70℃下烘干 1h、在通入空气条件下程序升温至 600℃恒温焙烧 8 小时，最后制得大孔 Sb_2O_5/SiO_2 材料。

将制备的大孔 Sb_2O_5/SiO_2 采用水热法负载 $CsNO_3$ 中，烘干后经程序升温到 600℃焙烧，最终制得大孔/介孔 $Cs_2O - Sb_2O_5/SiO_2$ 催化剂。

将制得的固体催化剂，以常压气—固相固定床反应装置进行评价，所用催化剂用量 1.5g，在反应的床层温度为 380℃，进料空速为 4 h^{-1} 反应物料甲醛与醋酸甲酯的摩尔比为 1∶3 的条件下进行反应，丙烯酸甲酯的收率可达 53%。"

实施例 2 记载内容：

"将正硅酸乙酯与乙醇按体积比为 1.2∶1 的比例加入到 250ml 三口瓶中，加入 30ml 水，水浴至 50℃，用 HNO_3 调节 pH = 4，加入少量十六烷基三甲基溴化铵为表面活性剂，搅拌 3 小时配制成 SiO_2 溶胶。另将 25g Sb_2O_3 与 20ml 蒸馏水混合于 50ml 三口瓶中，加热至 80℃搅拌稳定后，再加入三乙醇胺 3ml，搅拌 15min 后升温至 90℃，再加入 3ml H_2O_2（滴加），继续搅拌 90min，直至溶液由白色悬浊液变为无色透明锑溶胶。

将两种溶胶按 7∶1（体积比）充分混合，并调节 pH = 10。采用原位方法将聚苯乙烯模板剂与混合液以浸渍、超声、抽滤的方式组装，再于 80℃下烘干 1h、丙酮与四氢呋喃萃取，反复 4 次。在通入空气条件下程序升温至 550℃恒温焙烧 8 小时，制得大孔 Sb_2O_5/SiO_2 材料。将制备的大孔 Sb_2O_5/SiO_2 采用水热法 - 回流浸渍负载 $CsNO_3$ 中，烘干后再经程序升温到 550℃焙烧，最终制

得大孔 $Cs_2O-Sb_2O_5/SiO_2$，电镜表征可以看到有介孔存在。见图 1 和图 2。

　　将制得的固体催化剂，以常压气—固相固定床反应装置进行评价，所用催化剂用量 1.5g，在反应的床层温度为 380℃，进料空速为 4 h^{-1} 反应物料甲醛与醋酸甲酯的摩尔比为 1:3 的条件下进行反应，丙烯酸甲酯的收率可达 55%。"

　　根据审查意见的理由（2）中指出由于实施例 1~2 中采用的进料空速以及甲醛与醋酸甲酯的摩尔比均没有落入权利要求 1 的保护范围之内，权利要求 1 中记载"进料空速为 1~3h^{-1}，反应物料甲醛与醋酸甲酯的摩尔比为 1:1~2 的条件下进行反应"，实施例 1 中记载"进料空速为 4 h^{-1} 反应物料甲醛与醋酸甲酯的摩尔比为 1:3 的条件下进行反应"，实施例 2 中记载"进料空速为 4 h^{-1} 反应物料甲醛与醋酸甲酯的摩尔比为 1:3 的条件下进行反应"，所以审查员认定实施例 1~2 中采用的进料空速以及甲醛与醋酸甲酯的摩尔比均没有落入权利要求 1 的保护范围之内，实际上审查员没有认可"申请人强调本申请的收率可达 53%~55%，而对比文件 1 仅为 47.6%"是因为权利要求 1 得不到说明书支持，即审查员虽然在此评价权利要求书不具备创造性，但通过上述可知审查员仅反驳上次答复中由于"采用的催化剂不同"提高丙烯酸甲酯的收率的结论，但是审查员根据实施例 1~2 的记载，肯定了丙烯酸甲酯的收率可达 53% 或 55% 的结论，且根据审查意见可知：审查员认为实施例 1~2 由于丙烯酸甲酯的收率可达 53% 或 55%，带来预料不到的技术效果，即审查员肯定了实施例 1~2 具备创造性，这是审查员给出的启示性意见。

　　虽然审查员反驳了上次答复，但却不是完全反驳，审查员实质认为丙烯酸甲酯的收率不仅仅是催化剂不同所能影响的，合成过程的任何因素都可能影响丙烯酸甲酯的收率；依据审查员给出的启示性意见，将有可靠证据支持的实施例 1~2 作为独权重新提交，以整个操作过程为区别特征，丙烯酸甲酯的收率为显著的进步，阐述新权利要求 1~2（实施例 1~2）具备创造性，最终审查员认可此次意见陈述。

三、感想与心得

　　当审查员不同意专利代理人的意见陈述时，不能因此绝望、放弃，专利代理人应该认真分析审查意见，当审查员给出的结论非常强硬时，如"据本申请和对比文件 1 公开的内容，本申请的催化剂与对比文件 1 的催化剂并无本质区别"，这说明审查员完全否定答复陈述过程中关于"催化剂"的评述，当审查员给出的结论比较中性时，如"首先，本申请仅有的实施例 1~2 中，采用的进料空速以及甲醛与醋酸甲酯的摩尔比均没有落入权利要求 1 的范围之内，因此本申请没有提供可靠的证据证明权利要求 1 的技术方案确实能产生收率可达 53% ~55% 的技术效果；其次，本申请权利要求 1 采用的进料空速、甲醛与醋酸甲酯的摩尔比与对比文件 1 都存在差别，因此，没有证据表明是由于上述催化剂给本发明的收率带来预料不到的技术效果"，审查员仅给出"没有证据表明述催化剂给本发明的收率带来预料不到的技术效果"的结论，但审查员肯定了"预料不到的技术效果"的结论，审查员只是否定该结论是由于"催化剂"带来的，且审查员反驳权利要求 1 不具备创造性中引证本专利记载内容，那么专利代理人一定要认真分析引证本专利记载的两点内容：（1）审查员的举证是否正确；（2）涉及本专利记载的内容是否具备创造性；由于实施例 1 ~2 中采用的进料空速以及甲醛与醋酸甲酯的摩尔比均没有落入权利要求 1 的保护范围之内，因此权利要求 1 在意见陈述中给出的效果得到不到说明书实施例 1 ~2 的支持，由于审查员评述权利要求 1 不具备创造性时引证了"实施例 1 ~2"，因此专利代理人要认真分析：（1）实施例 1 ~2 记载的进料空速以及甲醛与醋酸甲酯的摩尔比是不是均没有落入权利要求 1 的保护范围之内；（2）实施例 1 ~2 是否具备创造性；经对比可知审查员给出的结论"实施例 1 ~2 中采用的进料空速以及甲醛与醋酸甲酯的摩尔比均没有落入权利要求 1 的保护范围之内"是正确的，由于丙烯酸甲酸酯的收率不仅与"催化剂"有关，与"进料空速以及甲醛与醋酸甲酯的摩尔比"等因素也存在直接的关系，因此审查员给"没有证据表明述催化剂给本发明的收率带来预料不到的技术效果"也是正确的，但根据审查意见中的启示性意见，可以肯定本发明"实施例 1 ~2"取得预料不到的技术效果，按照审查员论述的逻辑"实施例 1 ~2"存在创造性的理由：（1）"实施例 1 ~2"采用的进料空速、甲醛与醋酸甲酯的摩尔比与对比文件 1 都存在差别；（2）根据"实施例 1 ~2"记载可知丙烯酸甲酯的收率可达 53% 或 55%，因此"实施例 1 ~2"取得预料不到的技术效果，且该"预料不到的技术效果"不仅仅是催化剂不同带来的，即"进料空速以及甲醛与醋酸甲酯的摩尔比"等因素也是影响丙烯酸甲酯的收率重要因素，因此以"实施例 1 ~2"整个操作过程为区别特征，以"实施例 1 ~2"记载可知丙烯酸甲酯的收率为显著的进步，评价"实施例 1 ~2"具备创造性，并将"实施例 1 ~2"替换权利要求 1，作为新独立权利要求提交，在审查员已经认可"实施例 1 ~2"具备创造性的前提条件下，答复必然可以得到审查员认可，最终授权。

通过根据审查意见的结论也可以看出是否存在启示性意见，例如本专利第二次审查意见结论为："基于上述理由，如果申请人不能在本通知书规定的答复期限内提出表明本申请具有创造性的充分理由，本申请将被驳回。"当审查员不仅否定权利要求书不具备创造性，并且说明书记载内容也不具备创造性时给出的结论应该是："基于上述理由，本申请的权利要求不具备创造性，同时说明书中也没有记载其他任何可以授予专利权的实质内容。"根据两个不同的结论可知，前一个结论仅是否定权利要求书记载的内容不具备创造性，但是审查员没有反驳"说明书中也没有记载其他任何可以授予专利权的实质内容"。

综上所述，当我们接到第 N（$N>1$）次审查意见时，首先，应认真阅读"针对申请人的意见陈述的评述"，其次，阅读审查意见最后总结性评述。当"针对申请人的意见陈述的评述"中存在以"本专利记载内容"进行引证时，一定要认真分析引证本专利记载内容：（1）审查员的举证是否正确；（2）涉及本专利记载内容是否具有创造性。对于第（2）点可以通过"审查意见最后总结性评述"来确定，当给出如"基于上述理由，如果申请人不能在本通知书规定的答复期限内提出表明本申请具有创造性的充分理由，本申请将被驳回"结论时，我们可以充分认定"引证本专利记载内容"是具备创造性的，这就是审查意见中的肯定内容，当迎合审查员的启示性意见进行答复时，就一定能得到审查员的认可。

如何将被认为是"常规技术手段"
转变成"非常规技术手段"

宋政良

【摘 要】

　　本文是针对《专利法》第22条第3款的创造性审查意见进行的分析，具体涉及化工领域的铝合金棒材制造方面，主要答复方式是从区别特征"内在机理"的不同，以及这种区别特征产生的"技术效果"角度着手，通过分析发明与对比文件技术效果上有什么样的区别，然后依据技术效果的不同，反推出发明的技术方案哪一发明点（区别特征）产生了与对比文件技术效果的差异，再论述产生这一技术效果差异的相应技术特征的内在机理与对比文件的不同，并列举实验数据证明发明的技术方案并不是审查员误认为的"常规技术手段"，是具有特殊性，属于"非常规技术手段"，经过上述答复过程，专利经过两次答复后最终获得授权。

【关键词】

　　创造性　常规技术手段　发明机理　预料不到的效果

一、案例简介

申请号：201210302508.8。
发明名称：一种航天用铝合金铆钉棒材的制造方法。

二、答复过程

（一）第一次审查意见通知书的核心内容

权利要求1请求保护一种航天用铝合金铆钉棒材的制造方法。对比文件1

（公告号：CN102489973A）公开了一种轿车保险杠用铝合金空心型材的制造方法，并具体公开了："其制造方法是按下述方法进行的：一、按质量百分比为 Mg：2.2%～2.8%，Cr：0.15%～0.25%，Si ≤0.25%，Fe ≤0.30%、Cu：0.05%～0.20%，Mn：0.20%～0.50%、Zn：4.0%～4.8%、Ti：0.05%～0.18%、Zr：0.05%～0.15%和余量是 Al 的比例，称取铝合金锭、镁锭和锌锭并加入到干燥的熔炼炉中，在温度为 720～760℃条件下熔炼 2.5～4.5 小时，得到铝合金熔液；……七、将经过步骤六制得的铝合金铸锭经过保险杠用铝合金空心型材专用模具挤压；八、将经过步骤七制得的保险杠用铝合金空心型材预矫，预矫直变形率为 1%～3%；……"其中，将铝合金用于航天领域中的铆钉棒材，并未隐含权利要求 1 请求保护的产品具有特定的结构和/或组成以区别于对比文件 1 公开的产品。因此，权利要求 1 请求保护的技术方案与对比文件 1 公开的内容相比，区别在于：

（1）权利要求 1 所述铝合金的成分中不含有 Zn，且 Mg 与 Cu 的含量与对比文件 1 公开的产品不同。

（2）权利要求 1 限定了：称取铝锰合金、铝锆合金、铝钛合金、铝铬合金、铜锭进行熔炼，熔炼时间：2.5～4.5 小时；铸造速度：80～85mm/min、冷却水强度：0.04～0.06MPa；步骤三制得铸棒直径：172±2mm，步骤四得到的铝合金铸锭直径：162±2mm；退火温度：510～530℃，退火时间：24 小时；挤压模具为：保险杠用铝合金空心型材专用模具，未限定挤压加热温度；没有进行预矫；冷拉；淬火温度：510～520℃，保温时间：40min，淬火时间：0～15s，水温：0～35℃；矫直弯曲度：1.0～1.2/m；时效处理温度：75～85℃，保温时间：12 小时。

基于上述区别技术特征，可以重新确定本发明所要解决的技术问题是：通过调整合金成分以及含量，并根据需要调整部分工艺步骤以及参数，使得产品达到一定的强度和延伸率。

针对区别技术特征（1），对比文件 2（公告号：CN 1675389A）公开了一种具有高韧性和改良强度的 Al-Cu 合金轧制产品，并具体公开了："该合金包含下列成分（按重量百分比）：Cu：4.5-5.5，Mg：0.5-1.6，Mn≤0.80，优选 ≤0.60，Zr≤0.18，Cr≤0.18，Si≤0.15，且优选≤0.10，Fe≤0.15，且优选＜0.10，余量基本上是铝和附带元素和杂质，其中所述合金另外包含元素 Zn，Hf，V，Sc，Ti 或 Li 中的一种或多种，其总量小于 1.00（按重量百分比）。"（参见对比文件 2 权利要求 13）而在对比文件 2 公开的总量小于 1.00% 的范围内选取符合权利要求 1 请求保护的 Ti 的含量范围，是完全有可能的。对比文件 2 还公开了合金的拉伸性能，其合金 4 的 L 方向的拉伸屈服强

度 R_p 达到了 434MPa，极限拉伸强度 R_m 达到了 457MPa（参见对比文件 2 说明书第 11 页表 2）。且该合金所起的作用与其在本发明中为解决其技术问题所起的作用相同，都是提供一种铝合金，因此，对比文件 2 给出了将该合金应用于对比文件 1 以解决其技术问题的启示。

针对区别技术特征（2），由目标产品限定原料、各工艺中的尺寸参数（例如：直径、弯曲度）以及相应的模具，在 2.5 ~ 4.5 小时的范围内选择较小的范围进行试验尝试，在对比文件 1 公开的"急冷淬火"的技术启示下限定淬火时间都是本领域的常规技术手段；根据需要合理调整工艺及其参数，也是本领域技术人员能够通过有限次的试验获得的，并不需要付出创造性的劳动。

（二）答复第一次审查意见的内容

1. 修　改

依据发明效果，本发明制造的航天用铝合金铆钉棒材的抗剪强度不小于 255 N/mm²，断后伸长率不小于 16%，由此可知本发明采用冷拉技术提高了铝合金铆钉棒材抗剪强度和断后伸长率，原发明目的是要解决现有铆钉棒材抗拉强度、非比例延伸强度、断后延伸率和抗剪强度较低的问题，因此将发明目的修改为"本发明要解决现有铝合金铆钉棒材抗剪强度和断后伸长率低的问题"。

2. 意见陈述

笔者认为权利要求 1 具备《专利法》第 22 条第 3 款规定的创造性，理由如下：

①权利要求 1 与对比文件 1、2 的第一个区别为：制造工艺不同。

本发明权利要求 1 与对比文件 1 的区别特征为：铝合金棒材模具挤压制得铝合金棒材，然后将铝合金棒材在变形率为 26.5% ~ 36% 的条件下通过拉伸模具冷拉。

对比文件 1 在通过铝合金空心型材专用模具挤压制得保险杠用铝合金空心型材，然后进行预矫。

本发明采用上述制造工艺，所起的作用为：通过冷拉伸对棒材的延伸率及抗剪强度都有较大的提高，满足了性能指标的要求，并使内部组织更加均匀细小。由于通过模具拉伸是在冷状态下进行的，不仅可消除棒材表面的各种轻微缺陷，而且对抗剪强度也很有利，另外还可使变形后的金属内能比变形前有所增加，因而经过拉伸模具冷拉变形的棒材在热力学上是不稳定的，所增加的自由能成为金属向稳定状态变化的推动力，但冷加工所产生的自由能不足以使它从不稳定状态向稳定状态转变，对该合金棒材来说，随着后期淬火的进行，金属将发生回复再结晶过程，达到一定的变形量时内部积累的能量较大，出现大量形核，使棒材内部组织更加均匀细小。棒材内部具有均匀细小的晶粒，不但可以提高该材料的抗剪强度，而且对延伸率的提高也非常有利。

笔者观察该合金热挤压工艺和通过模具冷拉伸工艺棒材在 80℃/12h 时效制度下高倍照片（见图1、图2），从高倍照片可以看出，通过模具冷拉伸工艺生产的棒材组织细小均匀，存在大量析出质点且分布均匀，并且组织均匀，从图片可以看出通过模具冷拉伸工艺可以使棒材组织更加均匀，晶粒得到细化。

从而权利要求1相对于对比文件1实际所要解决的问题是：现有铝合金铆钉棒材抗剪强度和断后伸长率低的问题。

图1　热挤压工艺 ×100　80℃/12h　　图2　通过模具冷拉伸工艺 ×100　80℃/12h

对比文件2公开的是一种具有高韧性和改良强度的 Al－Cu 合金轧制产品，而对比文件2没有给出按本发明权利要求1提供的方法制备的航天用铝合金铆钉棒材的抗剪强度不小于 255 N/mm^2，断后伸长率不小于 16% 的技术启示，即对比文件2没有给出解决现有铝合金铆钉棒材抗剪强度和断后伸长率低的问题的技术启示，对本领域的技术人员而言，并不知道利用冷拉技术能起到提高铝合金铆钉棒材抗剪强度和断后伸长率的作用，即利用冷拉技术能起到提高铝合金铆钉棒材抗剪强度和断后伸长率并不是本领域技术人员为提高铝合金铆钉棒材抗剪强度和断后伸长率而采用的惯用手段，即上述区别特征也不属于本领域技术人员的公知常识，即权利要求1相对于对比文件1、对比文件2和本领域的公知常识是非显而易见的，因而具有突出的实质性特点。

对意见陈述内容的分析：在意见陈述中，笔者发现了本发明与对比文件1制造工艺的区别，即"铝合金棒材模具挤压制得铝合金棒材，然后将铝合金棒材在变形率为 26.5% ~36% 的条件下通过拉伸模具冷拉"，并且指出了该区别特征所起到的作用，即"使棒材内部组织更加均匀细小，提高了棒材的延伸率及抗剪强度"。进而找出本发明解决的问题，但是由于没有将"冷拉"与

"预矫"进行直观的比较和说明，因此，审查员坚持认为"冷拉"与"预矫"均是常规手段，意见陈述没有被审查员接受。

（三）第二次审查意见的核心内容

1. 审查意见内容

申请人答复认为修改后的权利要求具备创造性的理由是：本申请权利要求 1 与对比文件 1 和 2 的区别为制造工艺不同。

审查员认为：虽然对比文件 1 采用的制造工艺与本申请所述略有不同，即在本申请的技术方案中，在挤压后对其进行了拉伸。对比文件 1 公开的技术内容中，在对产品进行挤压后进行预矫，其所达到的效果与本申请是相近的，本领域技术人员完全能够在对比文件 1 公开的技术内容的基础上结合对比文件 2 以及本领域的常规技术手段获得所预期的技术效果。

基于上述理由，本申请的独立权利要求以及从属权利要求都不具备创造性，同时说明书中也没有记载其他任何可以授予专利权的实质性内容，因而即使申请人对权利要求进行重新组合和/或根据说明书记载的内容作进一步的限定，本申请也不具备被授予专利权的前景。如果申请人不能在本通知书规定的答复期限内提出表明本申请具有创造性的充分理由，本申请将被驳回。

2. 对审查意见内容的分析

审查员客观上是接受第一次意见陈述中关于本发明"冷拉伸"作用机理不同对比文件的"预矫"，只是认为在技术效果上没有产生明显的区别，因此，针对第一次审查意见的答复，审查员接受了上次意见陈述中的部分观点，这给予代理人答复成功的信心，因此，在此次答复中，笔者只需努力说明技术效果上的差异即可。

（四）第二次答复的内容

1. 修改权利要求

笔者将权利要求 10 的技术特征补入到权利要求 1 中，并删除权利要求 10。

2. 意见陈述

笔者认为本发明是基于解决"现有铝合金铆钉棒材抗剪强度和断后伸长率低的问题"，而对制造工艺进行了改进，即权利要求 1 步骤八所述的"将步骤七制得的铝合金棒材在变形率为 30.5% 的条件下通过拉伸模具冷拉"；通过此方法，能够提高棒材的断后延伸率及抗剪强度。这是与对比文件 1 有明显的区别，对比文件 1 所要解决的问题是"国内一些轿车保险杠抗拉强度低、非比例延伸强度低，安全系数较低的问题"。对比文件 1 是对产品挤压后进行预矫，并没有冷拉这一过程。

本发明权利要求 1 的"冷拉"与对比文件 1 的"预矫",在作用方式以及达到的效果上是存在本质区别的,具体分析如下:

(1)采用本发明权利要求 1 的"挤压后在变形率为 30.5% 的条件下冷拉"不仅消除了棒材表面的各种缺陷,而且对棒材内部组织起到细化作用,棒材内部具有均匀细小的晶粒,可以较大幅度地提高其抗剪强度和延伸率,淬火后紧接着有一个变形率为 1%~3% 的拉伸矫直,以达到标准要求的直线度。

(2)而对比文件 1 铸锭通过模具热挤压到规定形状,直接进行淬火,然后通过两边有钳口的拉伸设备进行拉伸,变形率为 1%~3%,变形率很小,只是起到对型材直线度的提高,对表面、延伸率、抗剪强度及内部组织晶粒等无任何影响,而且保险杠用铝合金成分与铆钉用铝合金成分完全不同,所具备的合金特性也完全不同。

基于上述内容,本发明权利要求 1 与对比文件 1 的作用方式,所达到的效果也不同:

本发明权利要求 1 制备的合金棒材"通过 GB/T228《金属材料 室温拉伸性能试验方法》试验抗拉强度不小于 431N/mm²,非比例延伸强度不小于 265N/mm²,断后伸长率不小于 16%;通过 GB/T3250《铝及铝合金铆钉线与铆钉剪切试验方法及铆钉线铆接试验方法》试验抗剪强度不小于 255 N/mm²";而对比文件 1 制备的铝合金空心型材,其抗拉强度不小于 350N/mm²,非比例延伸强度不小于 320N/mm²,断后伸长率不小于 6%。

由此可知,本发明权利要求 1 的技术方案起到的效果与对比文件 1 起到的效果有着明显的差别,本领域技术人员无法依据对比文件 1 公开的技术内容,预料到本发明"挤压后在变形率为 30.5% 的条件下冷拉"的技术方案能够达到上述技术效果,并能解决本发明所要解决的技术问题。

对比文件 2 公开的是一种具有高韧性和改良强度的 Al-Cu 合金轧制产品,而对比文件 2 没有给出按本发明权利要求 1 提供的方法制备的航天用铝合金铆钉棒材的抗剪强度不小于 255 N/mm²,断后伸长率不小于 16% 的技术启示,即对比文件 2 没有给出解决现有铝合金铆钉棒材抗剪强度和断后伸长率低的问题的技术启示;对本领域的技术人员而言,并不知道利用冷拉技术能起到提高铝合金铆钉棒材抗剪强度和断后伸长率的作用,即利用冷拉技术能起到提高铝合金铆钉棒材抗剪强度和断后伸长率并不是本领域技术人员为提高铝合金铆钉棒材抗剪强度和断后伸长率而采用的惯用手段,即上述区别特征也不属于本领域技术人员的公知常识,即权利要求 1 相对于对比文件 1、对比文件 2 和本领域的公知常识是非显而易见的,因而具有突出的实质性特点。

3. 答复结果

该发明经过上述两次答复后获得了授权。最终授权的独立权利要求修改部分为：将步骤八的"将步骤七制得的铝合金棒材在变形率为 26.5% ~ 36% 的条件下通过拉伸模具冷拉"修改为"将步骤七制得的铝合金棒材在变形率为 30.5% 的条件下通过拉伸模具冷拉"。

4. 对第二次答复的分析

在第二次答复中，首先明确审查员认可的原因是由于对"冷拉"与"预矫"的作用及起到的效果不理解；然后，针对这一点，在答复中，将本发明的"冷拉"与对比文件 1 的"预矫"以解决断后延伸率的角度出发，对二者作用原理、产生的效果进行详细、清晰的比较分析，给予审查员一个清晰的认识，从而使审查员能够从工艺流程、工艺原理上清晰地理解了"冷拉"与"预矫"在本发明中的区别。

三、心得体会

本案例属于化工领域，而在化工领域的发明创造，最常见的发明方式就是改进式发明创造，即以现有技术方案为基础进行创新；因此，能否授权就要判断创新的高度是否能够满足《专利法》的要求，是否仅是将常规技术手段的简单替换、组合或转用等方式作为创新。而判断采用的貌似常规技术手段能否达到发明创造的创新，就要判断采用的这种常规技术手段是否在现有技术中给予了本领域技术人员技术启示，而这种"启示"的判断也是创造性的答复中最为困难的一点。

在化学领域，采用表面上貌似常规技术手段进行改进的发明创造很多，而这类发明创造也是很容易因为没有突出的实质性特点和显著的进步，而不具备创造性，这也是很多发明人一直苦恼的问题，发明人经常会质疑审查员的审查意见不合理，不清楚发明的技术方案，而在答复中，发明人又不知道如何进行解释说明，才能使审查员清楚明白发明的技术方案是有创造性的。

产生上述问题的原因，就是发明人与审查员对技术方案与现有技术的理解深度不一致。因为在化学领域或其他领域，经常会有很多的技术方案表面上是采用的像是常规技术手段，但内部却存在很多机理反应，这是本领域技术人员不清楚的，或者不能够预料到的，正是这种情况的存在，才最终决定发明创造的技术方案表面上虽然采用常规技术手段，但却仍然具备创造性。从另外一个角度考虑，如果审查员或本领域技术人员能够知晓发明创造的技术方案内部的机理，那这一发明创造则必然没有创造性，不会被授权，因此，审查员正是没有清楚明白发明创造的技术方案内部的机理，才会误认为此发明创造是采用常规的技术手段，才会发出不具备创造性的审查意见。

因此，在答复此类创造性答复时，抓住发明创造的独特机理，并依据其产生的技术效果进行佐证，是答复此类案件的关键点。

由此又联想到，专利代理人在撰写此类申请时就应该事先对技术方案的此类机理进行深入了解，并在背景技术、发明有益效果以及实施例方面对此技术方案的独创之处进行深入分析和介绍，以使本领域技术人员能够清楚发明创造的整个创造过程，不会认为发明的技术方案是常规的技术手段。

当对比文件不能作为最接近的现有技术时，创造性的答复

张利明

【摘　要】

　　针对创造性的审查意见，首先对其合理性进行判断。当对比文件与发明具体应用领域及工作原理均有本质上的不同时，可认定对比文件不满足《专利审查指南 2010》中对最接近的现有技术的定义，因此不能用来评价发明的创造性。

　　本文结合焊接方法中的精细分类，对本发明及对比文件从技术领域、发明目的、技术手段、工作原理及发明效果等诸方面进行逐一分析，当分析过程逐一呈现后，读者即获得初步判断：二者显而易见不具有可比性。

　　在整个分析过程中，不被审查意见中对字面的表象含义解读误导，而对技术实质进行深入的挖掘，整个分析过程，即为呈现二者不同的过程，由此以否定最接近的现有技术的方式，反衬出发明的创造性。

【关键词】

　　焊接　最接近的现有技术　原理　手段

一、创造性案例简介

申请号：CN201010600708.2。

发明名称：窄间隙三光束激光焊接方法。

二、案情详述

1. 实审过程概述

第一次审查意见采用两篇日本专利文献作为对比文件，认为本申请所有权

利要求都不符合《专利法》第 22 条第 3 款的规定。

对比文件 1：JP2003 - 290952A，一种激光焊接方法；

对比文件 2：JP3 - 32481A，一种激光熔接装置。

第二次审查意见补充检索一篇日本专利文献作为对比文件，认为所有权利要求都不符合《专利法》第 22 条第 3 款的规定。

对比文件 3：JP58 - 74293A，一种窄间隙激光焊接方法。

2. 原始文件撰写要点

发明专利"窄间隙三光束激光焊接方法"申请撰写于 2010 年 12 月，其撰写所针对的背景技术是：解决现有窄间隙激光填丝焊接方法中存在焊丝金属熔滴过渡稳定性差的问题；由此产生的技术方案为：在窄间隙激光填丝焊接方法中，将激光器发出的主光束分成三束焊接光束，使主光束的能量被三均分，然后三束焊接光束的聚焦光斑在窄间隙焊缝坡口内并行排列或呈正三角形排列。其中对主光束的三分通过两个分束片和两个反射式聚焦镜实现。该技术方案使激光束的能量合理分配，两侧的激光焊接光束用于焊接侧壁的熔合，中心的焊接光束提供足够的热量熔化焊丝，由于保障了焊丝金属熔滴的过渡稳定，提高了焊接质量。其技术方案很简单，但是效果良好。

3. 第一次审查意见

2013 年 2 月 4 日收到第一次审查意见，其中将两篇日本的专利文献作为对比文件，认为对比文件 1 公开了本申请独立权利要求 1 所描述的大部分的技术特征，并对其中的技术特征进行了逐一的对比，结论为：其区别仅仅为本申请为窄间隙焊接，而对比文件 1 为复合钢板的深熔焊接。

专利代理人对对比文件 1 从技术领域、发明目的、技术手段、工作原理及发明效果等诸方面进行逐一的分析：首先确定在焊接方法中，相同的三光束，会由于具体应用到不同的领域，而具有本质不同的作用。由于焊接方法有很精细的分类，对比文件 1 中涉及的深熔焊焊接方法不能直接应用到窄间隙焊接方法中，由此使技术人员在研究窄间隙焊接方法的过程中不会有意识去深熔焊焊接方法中寻求借鉴。

接下来，将本申请技术方案与对比文件 1 进行对比，能够获得二者的发明目的显而易见的不同，由此进一步分析对比文件 1 的技术手段会发现，它要求三束激光束共同作用于一个小区域，并且三束激光束的光轴需相交于一点，从而使三束激光束的待焊接位置形成一个直径较大的激光匙孔，以为焊接过程中形成的锌金属蒸气提供合理的逃逸通道。如图 1 所示，由此解决的是镀锌复合钢板激光焊接过程中容易出现气孔的问题。

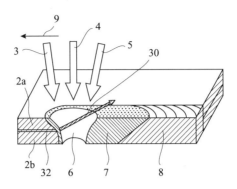

图 1　三光束束激光焊接镀锌复合钢板

本申请中的三束焊接光束为三束平行光束，位于两侧的激光束在坡口两侧形成的激光匙孔使得在焊接过程中窄间隙的侧壁能够充分熔化，中心光束形成的激光匙孔为熔化焊丝提供了足够的热量，保证了焊丝金属熔滴过渡的稳定性。本申请同时解决了多层焊接时层与层之间未熔合的问题，兼顾解决了气孔问题。其三个激光束产生的激光匙孔并不相互独立，它们耦合作用于焊接工件，共同形成一个大熔池，如图 2 所示。

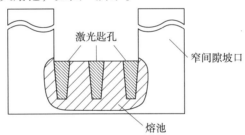

图 2　三个激光匙孔耦合作用于焊接工件

综合上述分析，可见对比文件 1 中所记载内容，并不符合《专利审查指南2010》中所规定的选择其作为最接近的现有技术的条件，因此获得结论，对比文件 1 不能够用来评价本申请的创造性。

上述分析过程，即确定了审查意见的不合理性。审查意见的对比只单纯地对技术方案的表象进行了断章取义的对比，并未对技术方案进行实质上的分析。基于此事实认定，再对比本发明与对比文件 1 获得的技术效果，在未对原申请文件进行任何修改的基础上，详细陈述分析过程，提交本发明具备创造性的意见陈述。

4. 第二次审查意见

2013 年的 9 月 9 日，收到本申请的第二次审查意见，在该审查意见中抛开了对比文件 1，重新检索到了对比文件 3，将对比文件 3 与第一次审查意见中提到的对比文件 2 进行结合，再次否定本申请权利要求 1 的创造性。

再次分析两篇对比文件与本申请后，专利代理人得出的结论与"一通"答复的思路相类同，仍旧从发明目的、技术手段、工作原理及发明效果等方面着手，将审查意见作为最接近的现有技术的对比文件 3 与本申请进行比较：首先由于对比文件 3 与本申请分属于激光焊接领域下的两种不同焊接模式，即可初步判定对比文件 3 不能作为本申请最接近的现有技术，对本申请不具有可借鉴性，基于此，自然不存在将对比文件 3、对比文件 2 及本领域的公知常识进行结合以获得本申请的动机。

进而获得二者发明目的不同，可分别从原文件中直接获取。再进一步分析对比文件 3 的技术手段，它的焊接过程中，三束焊接光束并行排列，其中两侧的两束分别对应于两待焊试板的上方，并位于待焊接侧的边缘，中间的一束位于两待焊试板的中间；这是一种热导焊接模式，这种焊接模式中，激光能量较小，激光能量通过热传导的作用加热待焊试板，其熔池宽而浅。它的工作原理是，首先利用左右两束激光的热导焊接，将左右两待焊试板的边缘熔化形成宽而浅的熔池，左右两边的熔池都向待焊试板中间流动，由此减小了两待焊试板的间隙，再结合中间激光束对待焊试板的加热，最终形成焊缝；该技术方案的作用对象为两待焊试板，并适用于焊接间隙较大的薄试板。它对三束激光的能量没有严格的要求，位于两侧的激光束只要能够将左右两待焊试板的边缘熔化形成宽而浅的熔池即可。

而在本申请中，结合"一通"的答复，技术手段采用的是激光焊接中的深熔焊接模式，这种焊接模式中，激光能量较大，能够引起材料蒸发而在熔池中形成激光匙孔，熔池窄而深。由此即进一步证实了对比文件 3 与本申请的不可对比性。

基于此，再次否定审查意见的合理性，因此，未对申请文件进行修改，再次提交认为本发明具有创造性的意见陈述。

5. 第三次审查意见

2014 年 1 月收到了第三次审查意见，建议将原权利要求 2 合并到原权利要求 1 中，由此，前述答复被认可，进行常规答复后，本申请于 2014 年 2 月初获得授权。

三、心得体会

在接到创造性的审查意见时，应不限于从论述创造性的角度去答复审查意见，还可以从另外的角度入手答复，例如否定审查意见所引用的对比文件作为最接近的现有技术。根据《专利审查指南 2010》关于创造性评价的规定，论述创造性的前提是要有"最接近的现有技术"作为前提，同时《专利审查指南 2010》中对"最接近的现有技术"的选择也作了详尽的规定。当对比文件明显不符合最接近的现有技术的定义，则可以直接否定，即以否定最接近的现有技术的方式，来反衬本发明的创造性。

四、结束语

在创造性答复中，不要被审查意见中强大的说辞震慑，专利代理人至少要保持一个客观的立场，才能确保不受审查意见中思路的影响。事实证明，审查员由于并不是专业的技术人员，他们对技术手段的对比，有时仅是表象的对比，而并没有挖掘实质。因此，只要专利代理人对技术方案进行逐一的分析、解读，就有机会获得答复依据，进而为发明专利的授权争取一次机会。

创造性的答复中对工作原理的侧重考虑

郑新荣

【摘　要】

在专利申请文件与对比文件的区别技术特征很小的情况下，不要急于放弃，静下心来，从原理分析的角度出发，厘清专利申请文件在实质上与对比文件的区别，仔细分析该区别技术特征不可替代的原因，虽然二者只具有微小区别，但鉴于工作原理不同，达到的目的不同，也是具备创造性的。本文采用"三步法"进行创造性答复，侧重于工作原理分析，将极其相似的对比文件与本发明之间的区别厘清。另外，专利代理人答复审查意见时所作的意见陈述的内容和观点，有可能被审查员作为继续审查的依据，即有引导审查员审查思路的作用。因此，专利代理人在意见陈述中陈述的观点除了要考虑到能够反驳审查意见中的观点之外，还需要考虑是否会带来新的问题。

【关键词】

创造性　焊接　补充检索　原理　"三步法"

一、创造性案例简介

申请号：200810064589.6。

发明名称：T 型接头的激光 – 双电弧双面复合焊接方法。

二、案情详述

（一）第一次审查意通知书

该意见 2009 年 12 月 11 日下发，涉及 1 份对比文件，认为所有权利要求不符合《专利法》第 22 条第 3 款的规定。

对比文件 1：US6469277B1，发明名称为：METHOD AND APPARATUS FOR HYBRID WELDING UNDER SHIELDING GAS（保护气体下复合焊接方法和装置），公开日：2002 年 10 月 22 日。

授权专利（以下简称"本专利"）的权利要求包括 1 个独立权利要求和 8 个从属权利要求，本文探讨的问题涉及权利要求 1，具体如下：

"T 型接头的激光 – 双电弧双面复合焊接方法，其特征在于针对 T 型接头的待焊工件采用激光与双电弧双面复合焊接，激光束（5）沿 T 型接头的立板（1）与顶板（2）接触处形成的焊缝从顶板（2）的顶面垂直入射进行穿透焊接，同时第一电弧焊枪（3）和第二电弧焊枪（4）分别从 T 型接头的焊缝两侧进行与激光焊同步的焊接，保持第一电弧焊枪（3）与第二电弧焊枪（4）相对于立板（1）左右对称放置。"

结合图 1 和图 2，本专利的说明书中相关的记载如下：

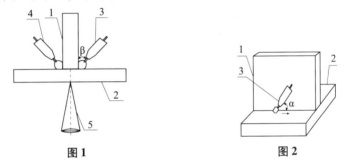

图 1   图 2

对比文件 1 公开了激光 – 双电弧复合焊接方法，在平板工件上进行激光 – 双电弧复合焊接，其对应的附图为图 3。

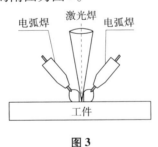

图 3

第一次审查意见认为权利要求 1 不具备创造性，本专利相对于对比文件 1 的区别技术特征为本专利的焊接工件为 T 型工件，激光束是从水平板的下端进行入射的，而对比文件 1 的焊接工件为平板工件，激光束与双电弧焊是从焊接工件的同侧入射的；基于该区别技术特征实际解决的技术问题是适应 T 型这种特殊形状的工件的焊接要求，而 T 型工件在本领域是一种常见形状的工件，并且对于 T 型接头的穿透焊接，本领域技术人员只可能从不具有立板的一侧进行穿透，而不可能从 T 型接头的立板进行垂直入射，因而，激光束从 T 型接头的水平板的下端入射属于本领域技术人员针对工件的形状特征使用的常规技术手段，因此，在对比文件 1 公开了激光 – 双电弧复合焊接方法并且作用也是用以改善焊接密合的质量、提高焊接质量的基础上，针对 T 型接头的特殊形状对对比文件 1 的技术手段进行改型从而解决的技术问题，对所属领域技术人员而言是显而易见的，不具有突出的实质性特点和显著的进步，因而不符合《专利法》第 22 条第 3 款的创造性规定。

（二）第一次案情分析

下面根据"三步法"对本专利创造性进行分析：

本专利权利要求 1 相对于对比文件 1 的区别技术特征是：本专利权利要求 1 中所产生的两个电弧在顶板的一侧，激光束在顶板的另一侧；对比文件 1 的两个电弧和激光束在同侧。

基于上述这个重要区别技术特征，本专利权利要求 1 和对比文件 1 要解决的技术问题不同、工作原理不同、产生的技术效果也不同，对比文件 1 对本专利不存在技术启示。

解决的技术问题不同。本专利要解决的技术问题：单一光束从 T 型接头的顶面进行穿透焊接对接装配间隙要求较严……（参见说明书相应部分），而对比文件 1 要解决的技术问题是复合焊接中改善焊接过程潜力较小的问题。

对比文件 1 中的聚焦激光束和两个电弧共同在相互作用区形成熔池，对比文件 1 是基于激光等离子体"匙孔效应"吸引、压缩电弧与通过电弧等离子体对工件的预热来提高激光能量吸收率的原理而获得好的焊接效果。"匙孔效应"指电弧被激光吸引压缩，电流密度大大提高，焊接熔深明显增大，呈深熔焊特征。但当电流增大到某一临界值时，激光锁孔消失，电弧突然膨胀，焊接熔深呈阶跃性下降的特性。

而本专利的工作原理与对比文件 1 完全不同，本专利权 1 中激光束和两个电弧同步施焊，两个电弧同时位于顶板的一侧，且分别位于 T 型接头立板的左右两侧，激光束则从顶板的另一侧入射，三方同步施焊一个位置，形成的焊缝如图 4 所示，三方形成的熔池只需接触，并不需要深入透过，三个电弧不会在同一处燃烧，工作原理并非基于

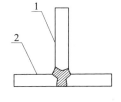

图 4

"匙孔效应"。

对比文件 1 基于的原理是"匙孔效应",即要求电弧和聚焦激光束在同一侧,共同作用在工件的同一个位置,共同燃烧,形成熔池,则对比文件 1 的方法作用于 T 型工件的第一种可行性方案是沿立板与顶板交接的左右两侧顺序施焊,电弧和聚焦激光束作用于立板左侧与顶板之间形成一条焊缝,再从立板右侧与顶板之间施焊形成另一条焊缝,但这样的做法会导致应力变形不易控制。第二种可行性方案为沿立板与顶板交接的左右两侧同时施焊,解决了应力不易控制的问题,但会增加激光焊设备,成本大幅度提高,而且工艺要求极其严格。无论上述哪个可行性方案,其与本专利权利要求 1 的方案均不相同。因此,笔者认为,根据对比文件 1 的技术方案,本领域技术人员并不能获得技术启示,将其应用于焊接 T 型接头时,将聚焦激光束放置在顶板另一侧进行垂直入射,对比文件 1 的技术方案对本专利权 1 不存在技术启示,因此,本专利权 1 的技术特征并非显而易见。

技术效果也完全不同(此处略去说明),因此,本专利权利要求 1 具备创造性。

(三)第二次审查意见

该意见 2010 年 8 月 30 日下发,补充检索获得一篇新的对比文件:认为所有权利要求不符合《专利法》第 22 条第 3 款。

对比文件 2:特开平 8 - 132273,发明名称为"溶接歪み低减法"(熔接形变的降低方法),公开日:1996 年 5 月 28 日。

第一次答复意见提交后,审查员同意本专利相对于对比文件 1 具备创造性的答复结论,但下发了第二次审查意见,重新进行检索,针对本专利权利要求 1 相对于对比文件 2 论述其创造性。

对比文件 2 公开了一种复合焊接方法,待焊工件为 T 型接头,采用双面焊接,在水平板的顶面施加感应加热线圈,对顶面实施加热,然后,T 型板整体移动,两个焊枪从 T 型接头的两侧进行与感应加热同步的焊接。

第二次审查意见认为对比文件 2 公开了采用两种焊接方法对 T 型板的两面进行加热施焊的思路,并且由于对 T 型板进行了双面加热施焊提高了 T 型工件的焊接速度和质量,同时也降低了能耗,权利要求 1 相对于对比文件 2 的区别技术特征在于,权利要求 1 中顶面的焊接采用的是激光光束而不是感应加热线圈,然而,在工件焊接中采用激光光束或者感应线圈都是可以的,它们具有各自的优点,可以在生产中灵活运用,例如,对比文件 1 就采用了激光光束从工件的一侧对工件进行施焊,从而所属技术领域的技术人员有动机将对比文件 2

中的感应加热施焊装置换成激光施焊装置，这种结合对所属技术领域的技术人员来说是显而易见的，因此，该权利要求所要求保护的技术方案不具有突出的实质性特点和显著的进步，因而不具备创造性。

（四）第二次案情分析

二者的重要区别特征在于：本专利权利要求 1 双面焊中的两个电弧在顶板的一侧，激光束在顶板的另一侧；而对比文件 2 两个电弧在顶板的一侧，感应加热线圈在顶板的另一侧。此观点与第二次审查意见一致，但其结论并不正确。

解决技术问题不同。本专利要解决的技术问题：单一光束从 T 型接头的顶面进行穿透焊接对 T 型接头蒙皮与骨架对接装配间隙要求较严……（参见说明书相应部分），而对比文件 2 要解决的技术问题就是减少焊接变形，减少焊接校形的成本，提高效率。

对比文件 2 中采用感应加热线圈进行高频感应加热，高频感应加热是一种依赖于工件内部产生的涡流电阻热进行加热的方法。对比文件 2 中双电弧焊枪的焊接接头在同一处，而感应加热线圈与双电弧焊枪的位置不同，与其在焊接方向上保持一定的距离。

对比文件 2 主要是利用"反变形"来减少焊接应力，在焊接过程中，不均匀的加热，使得焊缝及其附近的温度很高，而远处大部分金属不受热，其温度还是室内温度。这样，不受热的冷金属部分便阻碍了焊缝及近缝区金属的膨胀和收缩。因而冷却后，焊缝就产生了不同程度的收缩和内应力（纵向和横向），就造成了焊接结构的各种变形。金属内部发生晶粒组织的转变所引起的体积变化也可能引起焊件的变形。这是产生焊接应力与变形的根本原因。

根据对比文件 2 所述，在焊接时，首先采用感应加热线圈在顶板的顶面对焊缝进行加热，然后 T 型板整体移动，感应加热线圈加热过的地方温度降低，该处焊缝产生一个反变形；当形成反变形焊缝移动到双电弧焊枪的位置时，在形成反变形处的焊缝处实施双面电弧焊，焊接形成的正变形正好将刚才该处形成的反变形抵消，对比文件 2 所述的焊接方法减少了焊缝变形。

而本专利的工作原理与对比文件 2 完全不同，本专利权利要求 1 中激光束和两个电弧同步施焊，两个电弧同时位于顶板的一侧，且分别位于 T 型接头立板的左右两侧，激光束则从顶板的另一侧入射，三方同步施焊一个位置，形成的焊缝如图 4 所示，激光与电弧的相互作用来提高能量利用率，双面复合焊接时激光焊熔池与两个电弧形成的熔池合在一起，一方面焊缝同时冷却收缩，有利于应力和变形的控制；另一方面增加了 T 型接头熔合面面积，提高了焊缝剪切强度。

技术效果也完全不同（此处略去说明），因此，本专利权利要求 1 具备创造性。

三、案件心得

（1）对于逻辑严谨、表面上很正确的审查意见，我们不应畏惧，并且，在进行创造性评价时，不能简单地对比某个技术特征本身，而应从整个方案的技术领域、工作原理以及各个技术特征之间的配合角度去论述与对比文件的区别技术特征。

（2）本案的第一次审查意见所引用的对比文件 1 是平板工件的焊接方法，与本申请所述的焊接方法的焊接对象不一样。在答复第一次审查意见的时候，笔者没有对权利要求作修改，而是直接反驳审查意见中的论点。而对于第二次审查意见，明显是审查员在阅读了笔者提交的意见陈述之后，对本申请的技术方案有了新的认识，并根据答复第一次审查意见的意见陈述的内容作了补充检索，检索到与本申请的焊接对象相同的一篇关于焊接方法的对比文件来论述本申请的创造性。从本案能够获知，在答复审查意见时所作的意见陈述的内容和观点，有可能被审查员作为继续审查的依据，即有引导审查员审查思路的作用。因此，在意见陈述中陈述的观点除了要考虑到能够反驳审查意见中的观点之外，还需要考虑是否会带来新的问题。

四、结束语

经过两次答复，本专利于 2011 年 6 月 22 日授权。在两次审查意见中，本专利与对比文件的区别技术特征都很小，貌似审查意见很有道理，但从最根本的工作原理出发，仔细分析该区别技术特征不可替代的原因，最终得到授权的结果。

在创造性答复中建立专利代理人自信心的重要性

宋政良

【摘　要】

　　本案例是针对《专利法》第 22 条第 3 款的创造性审查意见进行的分析，具体涉及农业领域的盐碱地改造方面，主要答复方式是通过"要素省略"方法进行答复，并获得授权。通过此次答复，自己的体会是，即使申请文件与对比文件有极大的相似之处，但是通过深入分析，细致的了解，总会找到突破口，寻求到解决的方案，给自己答复建立极大的信心，只要有信心就会发现细微处的差别，才会形成扭转乾坤的局面。

【关键词】

　　创造性　自信心　细致分析　要素省略　重要性

一、案例简介

申请号：201010572258.0。

发明名称：盐碱地制沟填沙造旱田方法。

二、实质审查过程概述

审查意见认为所有权利要求不符合《专利法》第 22 条第 3 款的规定。

（一）案件详情

第一次审查意见通知书，发出日：2011 年 9 月 15 日，涉及 1 份对比文件。

对比文件 1，公开号：CN1015366432A，公开日：2009 年 9 月 23 号。

（二）案件分析及答复

首先，依据寻找的区别点，即盐碱缓冲剂改良方式不同作为突破口，以此作为基础撰写答复内容，按照"三步法"进行分析，考虑其是否在作用方式、解决问题，起到的效果上与对比文件有本质的区别，分析结果是，本发明权利要求 1 采用的盐碱缓冲剂为：沙丘土壤；而对比文件 1 采用的盐碱缓冲剂除了细游沙和砂质黄土外，还有"锯末和碎草"。仅仅是在成分上有所减少，但减少的成分所起的作用，达到的效果是本领域公知的，按常规方式答复，通过的可能性不大，然后分析是否可以通过意料不到的效果答复，此方式又一次被否定，原因是，对比文件并没有给出相应的数据，因此，无法进行数据对比，在多次考虑后，最终决定以要素省略方式进行答复，正符合本发明技术方案的实际。

（三）具体答复

1. 修　改

笔者依据审查意见将权利要求 2 删除，并对其后的权利要求序号作适应性调整，此种修改是以原说明书为依据并没有超出原说明书的记载范围，因此，符合《专利法》第 33 条的规定。

2. 本发明权利要求 1 与对比文件 1 相比具备创造性的理由

权利要求 1 与对比文件 1 区别在于：采用的盐碱缓冲剂改良方式不同。

本发明权利要求 1 公开了"开沟后将附近的沙丘土壤作为各种盐碱缓冲剂添加入制成的垄沟（1）内"；而对比文件 1 的权利要求 1 公开的是"在渠地上均匀铺上一层 3～3.5 厘米的细游沙和砂质黄土，铺锯末、碎草 1～1.5 厘米厚"。

本发明的权利要求 1 与对比文件 1 区别之处在于：本发明权利要求 1 采用的盐碱缓冲剂为：沙丘土壤；而对比文件 1 采用的盐碱缓冲剂除了细游沙和砂质黄土外，还有"锯末和碎草"。

对比文件 1 使用的盐碱缓冲剂为"细游沙、砂质黄土"和"锯末和碎草"，其效果为将盐碱地变成良田，从根本上治理盐碱地。本发明权利要求 1 技术方案中盐碱缓冲剂仅为"沙丘土壤"，也同样可以实现将盐碱地变成良田的发明效果，而且经过本发明权利要求 1 技术方案改造的盐碱地，可以成为利用 10 年以上的基本农田。

同时，本发明权利要求 1 的盐碱地改造方法，公开的"次年继续在此条带上种植"，在第二年种植时无需继续添加盐碱缓冲剂，在解决盐碱地改造的前提下，又创造了可持续利用 10 年以上的基本农田，与对比文件 1 的权利要求 1 公开的"经过六年盐碱地改良完毕"相比，省去了每年都需要添加"细游沙、砂质黄土"和"锯末和碎草"作为缓冲剂这一过程，因此，本发明权利要求 1 产生了预料不到的技术效果。

本发明权利要求 1 与对比文件 1 的技术方案相比省去了在沙层之上铺锯末、碎草的技术特征，却仍然能够实现将盐碱地变成良田的功能，满足《专利审查指南 2010》第二部分第四章第 4.6.3 节中的"要素省略发明"，即满足"发明省去一项或多项要素后，依然保持原有的全部功能，或者带来预料不到的技术效果"，因此本发明权利要求 1 具备创造性。

由此可见，本发明的权利要求 1 所述的碱地制沟填沙造旱田方法是一种要素省略发明，本发明的方法是本领域技术人员预料不到的。所以本发明的权利要求 1 与对比文件 1 相比具有突出的实质性特点和显著的进步，具备创造性。

三、心得体会

在答复中建立笔者自信心是很重要的一个环节，由于本案技术方案简单，其对比文件就是本案申请人自己申报的专利，而且方案内容非常相近，即本发明的发明点几乎被对比文件全部公开，与审查员沟通后，审查员的态度也很坚决，认为此案件答复通过的希望不大，认为对比文件与本专利的方案非常相似，无论从技术特征、解决的问题以及技术效果上，均是大体一致，因此，在初步进行答复时，便主观认为此案件没有答复通过的可能。

但在实际操作中，虽然本案存在很多的困难，但是在寻找答复思路的过程中，发现本案在"盐碱缓冲剂"的组分上与对比文件有差别，虽然差别不明显，但是，通过对此区别点的深入研究，通过寻找相关的资料，抓住这一线索，了解其在本发明与对比文件中的作用原理，进行深入的分析，了解到此区别点正符合《专利审查指南 2010》规定的要素省略的发明，因此，在答复时便增添了信心，然后以此为突破口，通过要素省略的方法进行答复，并最终获得通过。

经过此次答复，本专利于 2012 年 5 月 30 日授权，在答复过程中，虽然初始过程，自己主观认为对比文件已经将本发明的发明点公开，但这并不一定影响本发明整体的方案授权，只要能寻找到实质性的不同点，并进行合理的分析，便有通过的可能，这也要求专利代理人要在答复中，自身首先要有足够的信心，只有这样才有机会抓住细微之处，从而影响整个案件的结果。

多一点记载就多一份机会，
多一点坚持就多一份成功

黄 亮

【摘 要】

撰写原始申请文本尽量多记载一些关于产品效果验证及产品应用效果验证的内容。一方面可以证明本专利产品存在的优点，另一方面当产品及其制备方法权利要求都没有答复的希望时，不能轻言放弃，如果专利记载的产品应用效果明显高于审查意见提供的对比文件记载的效果，或者发明产品记载的用途与对比文件明显不同，可以将产品应用作为保护的主体重新提交，依托原始记载的产品应用效果进行论证，陈述修改后的产品应用权利要求具备创造性，由于在原始申请文件中有记载，因此修改符合《专利法》第33条规定，且权利要求书有实质改动，避免被驳回，最大好处在于绕过审查意见内容，避免与审查意见正面冲突，且由于原始记载了产品应用效果，更容易得到审查员的认可。

【关键词】

分析 记载 效果 补充 绕过

一、案件概述

申请号：201210236744.4。

发明名称：一种改性坡缕石絮凝吸附剂的应用。

二、案件详述

（1）案例概况：第一次审查意见，对比文件是一篇期刊文献，认为所有权利要求都不具备创造性。

（2）原始文件撰写要点：原始发明名称为"一种改性坡缕石絮凝吸附剂的制备方法"。本专利针对的背景技术是：解决现有技术对低温高色水源饮用水的局限性，以及坡缕石利用层次低、优势发挥不充分的问题；因此本发明实际上提供一种制备改性坡缕石絮凝吸附剂的方法，优点是在水处理应用中可作为吸附剂、助凝剂、合成有机絮凝剂的有效替代品，可应用于给水、生活污水、工业废水处理，对多种污染物均有良好的去除效果。

（3）第一次审查意见：2013年4月3号收到第一次审查意见，审查员检索了一篇中文文献《凹凸棒石负载壳聚糖吸附废水中Cr（VI）的研究》（李增新等，安全与环境学报，第3期第8卷，第52~55页），该对比文件公开了改性坡缕石（凹凸棒土）絮凝吸附剂的制备方法，审查员认为该发明实际解决的技术问题是：如果将壳聚糖负载至坡缕石上，则发挥絮凝吸附作用。

（4）经与发明人沟通后，由于发明人同时申请3件专利，其中2件已经授权，因此第三件出现创造性的问题时，发明人不想继续答复，且发明人认定本专利与对比文件相比没有创造性，即本专利中记载的改性坡缕石絮凝吸附剂实际上就是负载壳聚糖的坡缕石，因此发明人决定放弃此次答复，笔者经过分析后问发明人："对比文件给出凹土 – 壳聚糖颗粒可以用于吸附废水中Cr（VI），本专利记载的是改性坡缕石絮凝吸附剂用于吸附腐殖酸，两者机理相同么？"发明人才发现两种吸附的作用机理完全不同，且提供了相关的材料。根据原始记载的"采用批量法测定天然坡缕石或试验三得到的改性坡缕石絮凝吸附剂对腐殖酸的吸附特性，称取5mg/L腐殖酸溶液100ml，用0.1mol/L HCl与0.1mol/L NaOH调节溶液pH值为7，分别置于250ml烧杯中，加入0.01g的天然坡缕石或0.01g的试验三得到的改性坡缕石絮凝吸附剂，在温度为5℃、搅拌速度为200r/min搅拌180min后取样，于4000r/min转速下离心10min，取上清液过0.45μm微孔滤膜，用λmax＝350测定水样的吸光度值，计算腐殖酸的去除率，即色度的去除率，通过计算可知天然坡缕石色度的去除率为14%，试验三得到的改性坡缕石絮凝吸附剂的去除率为96%，通过对比可知本试验得到的改性坡缕石絮凝吸附剂对腐殖酸的吸附效果明显高于天然坡缕石对腐殖酸的吸附效果。"确定本专利涉及的产品可以用于吸附腐殖酸，且去除率达到96%。在产品的制备方法不具备创造性的条件下，且原始文件中明确记载的产品的用途及相关效果检测，笔者决定将原始记载的产品用途作为新权利要求提交，由于发明主题发生改变需要征求发明人的认可，且为了改变发明人放弃答复的想法，笔者给出以下分析：修改后的权利要求保护的主体是"改性坡缕石絮凝吸附剂用于吸附腐殖酸使用"，这与对比文件公开的对比文件给出凹土 – 壳聚糖颗粒可以用于吸附废水中Cr（VI）不同，且由于上述两种吸附作用的机理完全不同，因此对比文件没有给出本专利"改性坡缕石絮凝吸附剂用于吸附腐殖酸使用"的技术启示，且修改后的内容存在显著的进步（吸附腐殖酸的去除率达到96%），因此修改后的权利要求有创造性，最终发明人同意答复。

在撰写之初发明人已经说过，本案可能没有创造性，因此当时要求发明人多补充了一些用途的实例和相关效果，既然审查员和发明人都认定制备方法不具备创造性，但依据原始说明书记载可知该改性坡缕石絮凝吸附剂用于吸附腐殖酸时，效果非常好，基于上述条件将制备方法发明改为用途发明，因为对比文件中公开吸附废水中 Cr，而本专利指出吸附的是腐殖酸，Cr 为阳离子，而腐殖酸带负电荷，因此两种吸附作用的机理完全不同，且该专利给出腐殖酸的去除率为96%，针对上述内容，以吸附对象电荷不同作为突出实质性特点，以腐殖酸的去除率为96%作为显著的进步进行答复。请求审查员认定修改后的内容具备创造性。

最终，本发明经一次答复后被授权。

三、感想与心得

撰写原始申请文件尽量多记载一些关于产品效果验证、原理和产品应用效果验证的内容，根据原理确定专利研发的基本理论，根据产品效果确定专利产品存在的优点，根据产品应用效果确定本专利产品的用途，这些都是发明人可以提供的内容，尽量都记载到说明书中，这对于创造性的答复有至关重要的作用。例如：如果记载上述内容，可以进行以下对比：①与对比文件发明原理是否相同；②是否比对比文件的产品效果更优越；③与对比文件记载的产品用途是否相同。这些都可以作为答复创造性的依据。当权利要求中的技术特征没有答复的可能，要根据原始申请文件记载的内容，将原始申请文件记载的具备创造性的内容补充到权利要求书中，绕过审查员指出的问题，只需要答复新补充的内容具有创造性即可。这么操作的好处：①权利要求书有实质性修改，避免被驳回危险；②绕过审查意见中已经评述的内容，避免与审查员正面对抗，引起审查员反感；③由于在原始申请文件中有明确记载，因此论述更具有说服力。因此撰写的时候要多向发明人索要技术内容，特别是产品效果验证、原理和产品应用效果验证的内容，也许自己不经意间埋下的伏笔，在答复过程中成为制胜法宝。

说明书撰写不仅仅要达到公开充分的目的，还应给出产品相关效果的证明数据，证明本专利产品的优点，最好还给出产品的应用及应用效果检测的内容，当出现权利要求内容不能被保护时，就可以将应用技术方案作为独权提交，即使该应用技术方案可能是显而易见的技术方案，但如果应用技术方案的效果有了明显改善，即取得了预料不到的技术效果，由于该应用技术方案取得了预料不到的技术效果，所以更容易得到审查员的认可，并最终授权。

四、结束语

在原始申请文件中多一点记载，对于授权就多一份机会，只要我们多一点坚持，就可能多一份成功的收获。详细为主，多多益善，坚持到底，收获成功。

为创造性答复易于通过，
在撰写中要设好伏笔

魏正茂

【摘　要】

　　发明专利申请文件的前期撰写是发明专利能否授权的第一道关卡，申请文件撰写的质量直接影响发明的授权率，高质量的专利申请文件能够为代理人在后续的审查意见答复带来积极效果，因此撰写出高质量的发明专利申请文件是一个优秀代理人的必备素质。代理人是无法预见审查员的审查意见内容的，为了在后续的答复审查意见中能有修改和答复的余地，在撰写专利申请文件时设置伏笔是每个代理人应有的技巧。

【关键词】

　　风成　水成沉积物　伏笔

一、案例简介

申请号：2010105350535.5。

发明名称：一种短期风成、水成沉积物采集装置及其采集方法。

二、案情详述

　　第一次审查意见通知书于 2011 年 9 月 27 日下发，涉及 2 份对比文件：审查员认为所有权利要求均不符合《专利法》第 22 条第 3 款的规定。

　　对比文件 1：《采集方法对氯化物沉积速率测试结果的影响》刊载在期刊《装备环境工程》第 2 卷第 4 期，公开日为 2005 年 12 月 31 日。

　　本专利申请的权利要求包括 2 个独立权利要求和 4 个从属权利要求，本文探讨的问题涉及权利要求 1 和权利要求 5。权利要求 1 和权利要求 5 具体如下：

权利要求1："一种风成、水成沉积物采集装置，其特征在于：所述一种风成、水成沉积物采集装置包括采集板（1）和固定杆（2），所述采集板（1）的中心与固定杆（2）的上端连接，所述采集板（1）的上表面设置有多个凹槽（1-1）。"

权利要求5："一种利用权利要求1所述采集装置的风成、水成沉积物采集方法，其特征在于：所述风成、水成沉积物通过以下步骤采集：

步骤一、将固定杆（2）的下端插入需要捕获沉积物的土壤或底泥中，固定杆（2）下端插入需要捕获沉积物的土壤或底泥中30cm～40cm，采集板（1）平行且紧贴土壤或底泥表面；

步骤二、每隔6个月收集采集板（1）上的多个凹槽（1-1）内捕获的风成、水成沉积物，供通量计算及理化性质分析。"

第一次审查意见认为权利要求1和权利要求5不具备创造性，该审查意见认为本专利申请相对于对比文件1其区别在于：采集的是风成、水成沉积物；固定杆是上端与采集板的中心连接，且采集板上表面设置多个凹槽。基于上述区别，本发明实际解决的技术问题是：能够方便的采集风成、水成沉积物。对比文件1中采集的空气中的沉积物，对本领域技术人员来说，同样容易想到利用该装置采集水成沉积物。对比文件2中公开了"一种冲击式采样分离装置"，其公开号：CN2085061U，公开日：1991年4月6日。该装置中有一捕集板，空气中的大颗粒被捕集在该板上，本领域技术人员根据沉积物的需要，可以选择网状或直接用采集板来沉积，并且在板上设置凹槽以实现有效的沉积是本领域惯用的技术手段，为了方便采集板的安装，固定杆是以悬挂的方式还是与采集板中心链接的方式来固定采集板，都是本领域常规的选择，因此，在对比文件1的基础上结合对比文件2和上述公知常识，得到权利要求所要保护的技术方案，对本领域技术人员来说是显而易见的，因此权利要求1和权利要求5不具有突出的实质性特点和显著的进步，不具备《专利法》第22条第3款规定的创造性。

三、研究目的与意义

不符合《专利法》第22条第3款规定的审查意见是发明专利后期答复中最为棘手的情况之一，创造性答复的成功率直接影响发明专利的授权率。因此，本次审查意见的答复是否能让审查员接受是该专利申请能否被授权的关键所在。另外，通过对创造性审查意见的答复，专利代理人可以提升其撰写经验，使其从创造性答复中明确发明专利申请文件撰写的思路及方法。

四、研究背景

本专利申请是中国科学院东北地理与农业生态研究所经过多年实践摸索、反复试验所得出的结果，虽然本专利申请的装置结构较为简单，但是其应用效果显著，如果此项专利被驳回，该所多年研究成果不仅得不到任何回报，而且还会无偿捐献给社会。

五、发明文件的前期撰写

专利代理人在撰写此发明专利申请文件时，对该项技术进行了深入剖析，认为本发明的零部件有采集板、固定杆和两个螺母，采集板上设有多个凹槽，从结构上看，本发明的采集板和固定杆属于常规部件，而两个螺母又属于标准件，因此，这些零部件基本不具备任何创造性，但是由于本发明的应用领域特殊，因此，在特定的领域下本发明是有授权前景的，为保证本发明在后期答复过程中能有回旋余地，专利代理人将采集板上的多个凹槽作为伏笔，对其使用效果进行了详细描述，并将使用方法作为并列独立权利要求一并写入权利要求书中。

六、对第一次审查意见的答复

1. 答复前期的准备工作

专利代理人认真阅读了对比文件 1 及对比文件 2 所公开内容，并针对本发明所公开内容与两篇对比文件进行一一对比，找出不同之处。

专利代理人经过认真阅读两篇对比文件，发现两篇对比文件相对于本发明均有实质性区别：

第一，对比文件 1 采用夹持着纱布的木框采集空气中流动的氯离子，由于纱布上没有设置凹槽，因此不能用于采集水成沉积物。

第二，对比文件 2 结构十分复杂、使用不便。

第三，专利代理人在前期撰写申请文件时，留下“多个凹槽”这一伏笔，两篇对比文件中均未披露“多个凹槽”这一技术特征。

2. 具体的意见陈述

针对上述区别代理人作了如下陈述：根据审查员的审查意见 1，对比文件 1 中公开的一种挂片法测试空气中氯化物沉积速率的方法和装置，该装置采用夹持着纱布的木框采集空气中流动的氯离子，由于纱布上没有设置凹槽，因此该装置不能用于采集水成沉积物，而本发明既可以收集风成沉积物，同时也可用于收集水成沉积物，因此相对于对比文件1具备创造性。对比文件2公开了一种冲击式采样分离装置，但该装置结构复杂，使用不便，本发明所述的装置结构简单，使用十分方便，且造价低廉，操作简捷，相对于对比文件2具有十分明显和突出的优点，因此本发明相对于对比文件2具备创造性。

3. 答复结果

审查员接受了专利代理人的意见陈述，并于2013年5月9日授予本发明专利权。

七、心　得

通过这次答复，笔者有如下心得：

第一，对比文件要通篇仔细阅读，不能只阅读审查员所指出的局部内容。

第二，对于原始申请的技术内容及所属技术领域要十分熟悉了解。

第三，在撰写原始申请时，要清楚地知道哪些技术特征有可能会成为具备创造性的技术特征，为其留下技术效果及伏笔。

第四，对于结构简单的发明专利申请，要尽量将其复杂化，尽量用专业术语进行描述，并且针对每一个零件或步骤叙述技术效果，技术效果中尽量增加数据支持及参数。

八、结束语

在撰写发明专利申请文件时，要充分预见之后可能会出现的不具备创造性的技术特征，在为申请人争取最大保护范围的同时，要留下日后答复创造性的审查意见的伏笔，避免整个申请文件被驳回。另外，每个技术特征相应的技术效果要详细写在说明书中，以便后续答复使用。本发明专利在撰写之初，笔者总共找到三处可作为伏笔的技术特征，第一个是采集板与固定杆之间的角度，由于采集板与固定杆之间角度的大小，对采集没有任何直接影响，反而有时还会带来负面影响，因此，第一个可用作伏笔的技术特征需要放弃；第二个是固定杆下端为锥体，这一技术特征虽然能够带来操作方便等有益效果，然而它属于本领域技术人员的惯用手段，因此也不适合作为技术特征的伏笔；最后在经过深思熟虑后，笔者选择了多个凹槽作为技术特征的伏笔，在第一次审查意见及答复结果看来，笔者这一选择是正确的，并且为申请人争取到发明专利的授权。

当基因的蛋白功能不同时，具备创造性

贾珊珊

【摘 要】

　　本文通过对发明专利申请"大豆开花基因 $ft2a-1$ 及其编码蛋白"的不具备创造性问题进行了解析与答复过程来论述"创造性"。本文详细分析了本发明与对比文件 1 的本质区别，分析发现本发明与对比文件 1 所要求保护的客体的功能是有本质区别的，本发明要求保护的大豆开花基因 $ft2a-1$ 与大豆开花基因 $ft2a-1$ 编码蛋白与对比文件 1 所述的 GmFT2a 基因与 GmFT2a 蛋白功能不同，即本发明所解决的技术问题、发明目的、发明效果与对比文件 1 是不同的，由此成功答复了本次审查意见。

【关键词】

　　基因改变　蛋白功能　发明效果

一、案情简介

申请号：2012105349734.4。

发明名称：大豆开花基因 $ft2a-1$ 及其编码蛋白。

独立权利要求：

"1. 大豆开花基因 $ft2a-1$ ，其特征在于大豆开花基因 $ft2a-1$ 的基因序列如序列表 Seq ID No：1 所示。

2. 如权利要求 1 所述的大豆开花基因 $ft2a-1$ 的编码蛋白，其特征在于大豆开花基因 $ft2a-1$ 的编码蛋白的氨基酸序列如序列表 Seq ID No：2 所示。"

对比文件 1：《*Two coordinately regulated homologs of FLOWERING LOCUS are involved in the control of photoperiodic flowering in soybean*》，公开日：2010 年 9 月 30 日。

二、专利代理人的答复思路

（一）审查意见

审查意见认为本专利申请没有可以被授予专利权的实质性内容，不符合《专利法》第 22 条第 3 款的规定，具体审查意见如下：

权利要求 1 要保护大豆开花基因 $ft2a-1$，对比文件 1 公开了一种大豆开花基因 $GmFT2a$，本发明的基因序列与该基因仅相差一个核苷酸，导致编码蛋白发生 G169D 的突变，该区别技术特征相对对比文件 1 的 $GmFT2a$ 所要解决的技术问题是提供一种突变的大豆开花基因，改变大豆生育期。

然而，对比文件 1 通过对 PHYA 的突变调节 $GmFT2a$ 基因的表达水平，并详细阐述了 $GmFT2a$ 的促进开花功能，即对比文件 1 给出了在分子水平上通过基因突变改变大豆开花期的技术启示，而基因突变使基因功能弱化是本领域的惯用技术手段，本领域还公知使用性质相差较大的氨基酸替换原有氨基酸更容易造成蛋白功能的改变，因此，本领域技术人员为改变大豆生育期，增强大豆的地域适应性，很容易想到对 FT 蛋白质的氨基酸进行突变，使其开花功能弱化，得到本发明技术方案。因此，不符合《专利法》第 22 条第 3 款的规定。

（二）案例分析

（1）分析所解决的技术问题、发明目的、发明效果：通过分析审查意见可知，本发明要求保护的大豆开花基因 $ft2a-1$ 与大豆开花基因 $ft2a-1$ 编码蛋白与对比文件 1 所述的 $GmFT2a$ 基因与 GmFT2a 蛋白功能不同，即本发明所解决的技术问题、发明目的、发明效果与对比文件 1 是不同的。

（2）分析对比文件 1 是否存在技术启示：基因突变使基因功能弱化虽然是本领域的惯用技术手段，但是并不能仅仅根据此理论就可以得到本发明的基因序列与氨基酸序列，因为基因突变的种类很多，而且即使进行相应的基因突变，也会产生不同的效果，因此对比文件 1 并不存在分子水平上通过基因突变改变大豆开花期的技术启示。

三、答复审查意见

笔者认为权利要求 1 是具备创造性的，理由如下：

第一，本发明要求保护的大豆开花基因 $ft2a-1$ 与大豆开花基因 $ft2a-1$ 编码蛋白与对比文件 1 所述的 *GmFT2a* 基因与 GmFT2a 蛋白功能不同。

本发明是在克隆出大豆开花基因 *GmFT2a* 的基础上，进一步对 *GmFT2a* 基因序列进行深入系统的研究。发明人已证实 *GmFT2a* 基因具有促进大豆开花的功能。本发明对不同品种中 *GmFT2a* 基因序列进行了研究，并确定了 *ft2a－1* 基因，其对大豆生育期关系密切。

本发明的 *ft2a－1* 基因与大豆开花基因 *GmFT2a* 相比，两者的序列在 DNA 水平仅有一个核苷酸（506 号）差异，但导致氨基酸序列 169 位从甘氨酸到天冬氨酸的错义突变，从而改变了原来 *GmFT2a* 基因的功能。本发明的遗传转化实验表明，本发明的 *ft2a－1* 基因与大豆开花基因 *GmFT2a* 相比，其促进开花的功能明显减弱。因此，从基因功能方面来说，本发明要求保护的大豆开花基因 *ft2a－1* 的编码蛋白具有减弱大豆开花的功能，与对比文件 1 相比，具有本质的区别的，即所解决的技术问题发明目的是不同的，发明效果也是不同的。

第二，对比文件 1 并不存在分子水平上通过基因突变改变大豆开花期的技术启示。

基因突变使基因功能弱化虽然是本领域的惯用技术手段，但是并不能仅仅根据此理论就可以得到本发明的基因序列与氨基酸序列，因为基因突变的种类很多，而且即使进行相应的基因突变，也会产生不同的效果，由于基因片段上的核苷酸数量多，每三个核苷酸编码一个氨基酸，所以改变任意一个核苷酸序列都有可能产生突变，导致编码的氨基酸序列改变，表现为产物蛋白质的不同，最终功能也就不同，所以本发明的基因序列与氨基酸序列并不是如审查意见所说的仅仅通过对比文件 1 的技术启示与基因功能弱化理论可以轻易得到的，本发明是经过分析及反复试验摸索得到的，虽然为改变大豆生育期、增强大豆的地域适应性，本领域技术人员也不易想到对 FT 蛋白质的氨基酸进行突变，使其促进开花功能弱化；反之，如果所有新的经过突变的序列都不具备创造性，那么生物领域的很多序列都是经过相应的突变得到的，只是改变的程度不一样而已，那么都不具备创造性了。最关键的是，本发明的序列虽然经过了基因突变仅改变了一个核苷酸，但是本发明就是通过这仅仅一个核苷酸的改变，使其蛋白质的氨基酸发生了改变，进而影响了大豆开花功能，本发明与对比文件 1 发明目的是完全不同的，对比文件 1 是促进大豆开花功能，而本发明是使开花的功能明显减弱的。

因此，对比文件 1 并不存在分子水平上通过基因突变改变大豆开花期的技术启示。

第三，本发明的大豆开花基因 *ft－2a* 属自然突变，与利用基因工程手段获得的突变有着本质的区别。

大豆开花基因 $ft-2a$ 是我们对众多大豆遗传资源中的遗传功能单位首次进行分离、分析和利用，从而完成的发明创造。

本发明的大豆开花基因 $ft-2a$ 及其编码蛋白，该基因是在分析大豆开花期性状 LJ 的 QTL 定位基础上，进行深入研究发现，此基因可能是 LJ 的 QTL 的候选基因，对大豆开花具有抑制作用。至今在大豆中尚未有 LJ 的候选基因报道，因此，本发明具备创造性。

本发明对于揭开大豆开花期和生育期复杂的分子机理具有非常重要的意义。同时也可以利用开发的分子标记进行分子标记辅助育种，加快育种进程，提高育种效率。

综上所述，本发明的权利要求 1 与对比文件 1 存在实质性差异，因此，本发明权利要求 1 具备创造性。因此，笔者认为本申请符合《专利法》第 22 条第 3 款规定。

审查员接受了笔者的意见，授予本发明专利权。

四、心　得

在答复此次审查意见时，采用"三步法"来综合分析了此次审查意见提出的问题，结合本发明要求保护的大豆开花基因 $ft-2a$ 与大豆开花基因 $ft-2a$ 编码蛋白与对比文件 1 所述的 $GmFT2a$ 基因与 GmFT2a 蛋白功能不同，所以不能简单地就将本发明与对比文件 1 等同，认定本发明不具备创造性，应该从保护客体本质入手，分析其最基本功能，进而找到区别特征，这对于审查意见的成功答复是关键的。

本次审查意见的答复成功，关键在于对于审查意见的解读，同时对本发明的透彻理解。有关生物基因及蛋白的申请文件，虽然仅仅在于一个碱基或者氨基酸的不同，但是却可以造成其编码的产物不同，而产物不同意味着其功能不同，那么结合专利申请文件，所要解决的技术问题以及技术效果是显著不同的，由此可知，专利代理人对于专业知识的把握在答复审查意见时极为重要，同时，在撰写申请文件时，应该熟练运用专业知识，做到严谨、主题鲜明。

从技术整体上多点答复审查
意见的方法

王　辉

【摘　要】

我国专利代理人在判断创造性时多采用"三步法"，多关注于技术手段的比较来进行答复审查意见，这样会造成答复思路单一，没有从发明的整体上关注创造性，本文通过从技术整体上多点答复审查意见，可以从技术手段的比较及发明的整体上关注创造性，多方面进一步阐明，会增加授权概率。

【关键词】

技术整体　多点答复　创造性

一、引　言

《专利法》第 22 条第 3 款规定：创造性，是指与现有技术相比，该发明具有突出的实质性特点和显著的进步。由此可知，发明具备创造性，是针对现有技术而言，具有突出的实质性特点和显著的进步。

《专利审查指南 2010》第二部分第四章第 3 节给出发明创造性的审查基准，第 4 节给出几种不同类型发明的创造性的判断，第 5 节给出判断发明创造性时需考虑的其他因素，即给出了答复审查意见时可从多方面进行答复工作，如确定发明的区别技术特征，相对于对比文件具有突出的实质性特点及显著进步；要素关系改变的发明；要素省略的发明；要素替代的发明；发明解决了人们一直渴望解决但始终未能获得成功的技术难题；发明克服了技术偏见；发明取得了预料不到的技术效果；发明在商业上获得巨大成功等方面。

我国专利代理人在判断创造性时多采用"三步法"，多关注于技术手段的比较来进行答复审查意见，这样会造成答复思路单一，没有从发明的整体上关注创造性，从技术整体上多点答复审查意见，可以从技术手段的比较及发明的整体上关注创造性，多方面进一步阐明，会增加授权概率。

二、案情介绍

申请号：201210205346.6。

发明名称：一种利用离子液体制备木质纤维素气凝胶的方法。

本案是一种利用离子液体制备木质纤维素气凝胶的方法，利用木材与离子液体反应，然后进行冷冻解融循环、置换及冷冻或临界点干燥，即可得到木质纤维素气凝胶。

针对上述专利权，国家知识产权局于 2013 年 4 月 3 日发出第一次审查意见通知书，并检索到一篇最接近的现有技术——对比文件 1（CN102443188A），对比文件 1 公开了一种利用离子液体制备非晶态气凝胶的方法，利用天然纤维素与 1 - 乙基 - 3 - 甲基咪唑乙酸盐离子液体反应，然后进行冷冻解融循环、置换及临界点干燥，即可得到利用离子液体制备的非晶态气凝胶。由对比文件 1 判定本发明不具备创造性，具体理由如下：（1）区别特征 1：对比文件 1 公开了天然纤维素来自棉、木等，而将其进行粉碎并过一定目筛以得到一定颗粒大小的木粉是本领域的常规技术手段，本领域技术人员容易对此进行选择；而使用木作为天然纤维素制备气凝胶时，制备得到的即为木质纤维素气凝胶；（2）区别特征 2、区别特征 3 及区别特征 4：对比文件 1 所公开的冷冻解融循环、置换及临界点干燥的参数不同均为本领域的常规手段。

针对第一次审查意见所作出的意见陈述仅采用"三步法"，关注于技术手段的比较，即本发明权 1 与对比文件 1 相比采用的原料不同，从而带来显著的进步。

针对上述答复工作，国家知识产权局于 2013 年 8 月 12 日发出第二次审查意见通知书，判定本发明仍然不具备创造性，具体理由如下：对于意见陈述，本申请制备的是木质纤维素气凝胶，对比文件 1 制备的是天然纤维素气凝胶，并且明确限定了天然纤维素可来自木，当来自木时其自然也为木质纤维素；而申请人声称的对枝桠材的剩余物的粉碎过筛其实也是对木质纤维素的提纯和加工，是本领域的常规处理方法。因此，对比文件 1 使用与本申请类似的纤维素以及十分相近的方法制备得到气凝胶，得到的气凝胶也具有本申请所得到的气凝胶的性质。

三、案例分析

针对两次审查意见，采用"三步法"从技术手段的比较，本专利申请权利要求 1 与对比文件 1 相比的区别点仅为原料不同，而原材料的不同所带来的显著进步很难说服审查员予以授权。因此，如何从发明的整体上关注创造性，选择多角度分析并挖掘深层次的创新点是此次答复工作的难点。

笔者没有用过多的笔墨分析区别特征，而是通过与发明人的多次交流与技术问题的探讨，帮助并引导发明人从发明的整体上关注其创新点，因此，第二次审查意见的答复工作，笔者着重将本发明与对比文件 1 两者作为两个技术整体，阐述其产生的效果以及分析两者所要解决的问题，进行多角度分析并答复。

首先，本发明的权利要求 1 相对于对比文件 1 具有突出的实质性特点，即选用的原料为木粉。对比文件 1 中选用了天然纤维素为原材料，天然纤维素要从木材中提取，需要复杂的提纯过程，才能制得天然纤维素。因此，对比文件 1 提供的是一种使用纯的纤维素为原材料制备气凝胶的方法。而本发明直接选用木粉为原料，木粉中除了含有天然纤维素外，还含有很多木质素和半纤维素。所以本发明选用无需提纯的木粉，保留其中的木质素及半纤维素就能得到品质优良的气凝胶相对于现有技术是非显而易见的。

其次，从技术整体上分析，本发明克服了技术偏见。笔者列举大量证明文件，依据证明文件可以确定在本技术领域中，技术人员制备纤维素气凝胶时所用原料为购买的纯天然纤维素，或从原材料提纯后的纤维素，技术人员通过木材制备气凝胶，都需要将木材中的天然纤维素提纯，去除木质素和半纤维素，因为，本技术领域人员通常认为木质素的存在会造成气凝胶宏观胶块不成形的问题，该技术问题是普遍存在的。

因此，当对比文件 1 中公开了一种使用天然纤维素制备非晶态气凝胶的方法后，本技术领域人员无法克服现有技术偏见，而直接使用含有木质素的木材为原材料，并利用对比文件 1 中的工艺来制备气凝胶，更不能想到得到与纯纤维素制备出的气凝胶质量相当的产品。因此，本发明克服了技术偏见，因此具备创造性。

最后，从技术整体上分析，本发明与对比文件 1 相比，本发明省略了一项要素。对比文件 1 中采用天然纤维素为原材料制备气凝胶，天然纤维素要从木材中提取。而本发明直接选用木粉为原料，无需提取，保留了木粉中的半纤维素和木质素，省略了对比文件 1 中原材料需要提纯后才能得到这一步骤。通过本发明制备的木质纤维素气凝胶与对比文件 1 中使用天然纤维素制备的气凝胶性能相当，因此，本发明与对比文件 1 相比省略了一项要素，依然保持原有的全部功能，等于是简化了纯化过程，利用了本来要被废弃的大量木质素，得到了理想的产品，因此具备创造性。

综上所述，通过整体上的分析，并多角度答复，可以确定本发明与对比文件 1 相比较，不仅仅是原材料的不同，而且克服了技术偏见并省略了一项要素，因此本发明具备创造性不言自明。依据此次的审查意见答复工作，国家知识产权局最终接受了笔者的观点，并授予本发明专利权。

四、结束语

答复审查意见时，仅从单个技术手段，无法真正发掘发明的创新点，从而导致不正确的结论且不能说服审查员。因此，从技术整体上多点答复审查意见，可以从技术手段的比较及发明的整体上关注创造性，把发明作为一个整体，并考量其所产生的技术效果和实际解决的问题，多方面进一步阐明，才能真正说服审查员，以增加授权概率。

新的权利要求应该与答复的主张相对应

陈 晶

【摘 要】

　　本文主要对创造性的审查意见进行分析，具体涉及单味中药桔梗的提取物在制备治疗疾病药物中的应用。与现有技术相比，桔梗的提取物是利用了已知中药新发现的机理表征，即新的用途，该发明产生了预料不到的技术效果，具有突出的实质性特点和显著的进步，具备创造性。通过两次答复，笔者体会到了专利代理人工作的重要性，要理解分析，要将保护范围限定在所陈述的具备创造性的技术方案上，要让新的权利要求与答复的主张相对应，否则差之毫厘，谬以千里。

【关键词】

　　中药提取物　新用途　表述到位　相对应

一、案例简介

　　申请号：201110225782.5。
　　发明名称：桔梗总皂苷在制备治疗和预防肺炎支原体感染性疾病药物中的应用。

二、案情详述

　　原始权利要求1："桔梗总皂苷在治疗和预防肺炎支原体感染性疾病药物中的应用，其特征在于桔梗总皂苷在治疗和预防肺炎支原体感染性疾病药物中的应用：桔梗总皂苷作为治疗和预防肺炎支原体感染性疾病药物中的活性成分，桔梗总皂苷为桔梗酸类、远志酸类、桔梗二酸类、桔梗酸A内酯类皂苷中的一种或几种的组合物。"从属权利要求2～10是相关剂型的制备。
　　实审过程概述：在第一次审查意见通知书，审查员检索到两篇对比文件，审查员认为权利要求 1 不符合《专利法》第 22 条第 3 款规定；在第二次审查意见通知书，没有引用新的对比文件，审查员仍然认为权利要求 1 不符合《专利法》第 22 条第 3 款规定。

审查结果：经过两次答复后授权。

答复过程：

1. 第一次审查意见通知书的主要内容

权利要求 1 要求保护"桔梗总皂苷在治疗和预防肺炎支原体感染性疾病药物中的应用"，其中桔梗总皂苷作为活性成分。对比文件 1《桔梗"引经"对罗红霉素肺药浓度的影响》（中兽医医药杂志，李英伦，等，2005 年 12 月 31 日，第 3 期，第 3~6 页），公开桔梗水煎液和罗红霉素一起能防治支原体引起的肺部感染。对比文件 2《桔梗中三萜皂苷类化学成分研究进展》（中国药学杂志，郭文杰，等，2008 年 12 月 31 日，第 43 卷第 11 期，第 801－804 页），公开桔梗中的主要活性成分为水溶性的三萜皂苷。

权利要求 1 与对比文件 1 的区别在于：明确了桔梗总皂苷作为治疗和预防肺炎支原体感染性疾病药物中的活性成分，桔梗总皂苷为桔梗酸类、远志酸类、桔梗二酸类、桔梗酸 A 内酯类皂苷中的一种或几种的组合物。在对比文件 2 的启示下，很容易推测桔梗总皂苷是预防肺炎支原体感染性疾病药物中的活性成分，且含有桔梗酸类、远志酸类、桔梗二酸类等成分。因此本领域普通技术人员在对比文件 1、2 的基础上，就能得出权利要求 1 所要求保护的技术方案，这是显而易见的，并且说明书中也没有记载权利要求 1 的技术方案相对于现有技术而言产生了任何意想不到的技术效果。因此权利要求 1 所要求保护的技术方案不具备突出的实质特点和显著的进步，不具备创造性，不符合《专利法》第 22 条第 3 款的规定。

2. 对第一次审查意见通知书的答复思路

（1）将发明目的修改为"本发明是要解决现有的桔梗的药用价值没有得到充分体现的问题"。

本案原始的发明目的是"提供桔梗总皂苷在治疗和预防肺炎支原体感染性疾病药物中的应用"，笔者针对最接近的现有技术将发明目的进行了缩小了范围的修改，能够更有针对性地指出发明目的是解决现有的桔梗的药用价值没有得到充分体现的问题，使其与要求保护的主题相适应。

（2）论证本发明中权利要求 1 的非显而易见性，主要内容如下。

本发明权利要求 1 与对比文件 1 和 2 的区别：本发明权利要求 1 发现了桔梗总皂苷新的药理活性，指出桔梗总皂苷单独服用即具有治疗支原体感染作用，不用联合其他用药。

对比文件 1 中发现桔梗水煎液可提高罗红霉素在雏鸡肺部的药物浓度，在防治支原体引起的肺部感染时，二者联合用药一方面使罗红霉素的杀菌作用增强，另一方面又发挥了桔梗宣肺平喘的效应，其中桔梗只是作为引经药，并未提到桔梗具有抗感染或杀菌作用，更没有提及具有抗肺炎支原体的作用，使桔梗的药用价值没有得到充分体现，……可见，二者作用截然不同，权利要求 1 的技术方案是非显而易见的，因此对比文件 1 没有给本发明权利要求 1 以技术启示。

对比文件 2 中明确指出"桔梗单味药无抗菌作用"。但"甘草单味药抗菌活性较差，与桔梗配伍，具有显著的抑菌作用，复方水提取液达到一定浓度时，还具有杀菌作用"。即桔梗本身无抗菌作用，但可提高甘草的抗菌活性，……而本发明权利要求 1 中发现了桔梗总皂苷的抗肺炎支原体活性，克服了技术偏见。可见对比文件 1 和 2 结合后也没有给出本发明权利要求 1 桔梗的新用途的任何技术启示，所以，本发明权利要求 1 是非显而易见的，具有突出的实质性特点。基于以上区别，二者产生的效果不具备可比性，且本发明权利要求 1 中桔梗总皂苷制备成常规剂型后，对支原体引起的感染性疾病是有效的，证明了其抗肺炎支原体的作用，获得了预料不到的技术效果，具有显著的进步，因此本发明权利要求 1 具备创造性。

（3）分析：在答复过程中，笔者找到了与对比文件 1 相比，桔梗总皂苷具有新的药理活性；与对比文件 2 相比，桔梗总皂苷单独服用就具有治疗支原体感染作用；但是，由于笔者没有修改权利要求 1，没有使保护范围限定在所陈述的具备创造性的技术方案上，因此第一次审查意见通知书的答复没有被审查员接受。

3. 第二次审查意见通知书的主要内容

权利要求 1 依然不具备创造性理由与第一次审查意见通知书相同，但审查意见提醒申请人注意：虽然申请人在意见陈述中提到本申请技术方案的发明点在于，桔梗单味药作为抗菌的唯一成分，克服了技术偏见，但是申请人在修改后的权利要求 1 中并没有将保护范围限定在所陈述的具备创造性的技术方案上，因此，目前的权利要求依然不具备创造性，不符合《专利法》第 22 条第 3 款的规定。

4. 对审查意见内容的分析

审查员客观上是接受了第一次意见陈述中关于"桔梗单味药作为抗菌的唯一成分"，是克服了技术偏见，但是还存在没有将保护范围限定在所陈述的具备创造性的技术方案上的问题；因此，在第二次答复中，笔者需要通过修改文件，将保护范围限定在所陈述的具备创造性的技术方案上即可。

5. 对第二次审查意见通知书的答复思路

（1）将发明名称修改为"桔梗总皂苷在制备治疗和预防肺炎支原体感染性疾病药物中的应用"；将权利要求 1 修改为："桔梗总皂苷在制备治疗和预防肺炎支原体感染性疾病药物中的应用，其特征在于桔梗总皂苷为桔梗酸类、远志酸类、桔梗二酸类、桔梗酸 A 内酯类皂苷中的一种或几种的组合物，桔梗总皂苷是所述药物中的唯一活性成份。"

笔者在发明名称中增加了"制备"两字；在权利要求 1 最后面增加"桔梗总皂苷是所述药物中的唯一活性成份"。"制备"两字的增加避免了新权利要求 1 的主题包含了疾病治疗方法问题。修改后获得了新的权利要求 1，新权利要求 1 的发明名称也属于权利要求的内容，对其保护范围有限定作用，这具有明确的法律依据，并且发明名称作为前序部分的重要内容，是权利要求不可或缺的组成部分，其对保护范围的限定作用不能忽视，这样的修改也使保护范围限定在所陈述的具备创造性的技术方案上，使新权利要求 1 具备创造性。

（2）笔者依然采用第一次的答复思路来论证本发明中新的权利要求 1 具备创造性，但在第二次答复中更加强调了区别和效果，对新用途的表述更加到位，其中对比文件 1 就是采用桔梗的"引经"的药理来影响罗红霉素肺药浓度的，与本发明新权利要求 1 中桔梗总皂苷抗肺炎支原体的药理完全不同；对比文件 2 明确记载了"桔梗单味药无抗菌作用"，因此没有给出采用桔梗单味药作为抗菌作用的任何技术启示，具有突出的实质性特点。另外本发明新权利要求 1 发现了其新的药理活性，将进一步扩大其药用范围及市场需求。本发明将打破支原体肺炎治疗市场抗生素的垄断局面，避免抗生素对人体的毒副作用及耐药性。……发现具有抗肺炎支原体作用；体外实验表明……均可明显减轻小鼠肺脏的病理损害，调节机体免疫功能，对支原体感染具有治疗作用。……新权利要求 1 达到了桔梗单味药实现抗菌作用进而实现预防和治疗肺炎支原体感染性疾病的意想不到的技术效果；具有显著的进步。综上所述，新权利要求 1 具备创造性。

（3）答复结果：本申请经过上述答复后获得了授权。

（4）分析：在第二次答复中，笔者正确地修改了权利要求 1，使保护范围限定在所陈述的具备创造性的技术方案上，并且在审查员客观上是接受了第一次意见陈述中关于"桔梗单味药作为抗菌的唯一成分"，克服了技术偏见的基础上，秉着突出重点，将主题与所要保护的技术方案相对应这样的基本思路重新对第一次答复中论述创造性的内容再次强调，最终获得审查员的认可并授权。

三、心　得

本案涉及的是中药提取物的新用途，在判断其创造性时，一定要对案件深入理解，准确地找出区别技术特征，不能跟着审查员的思路走，那样很难找到突破点，使案件无法继续，从而失去信心。并且在找到准确的区别技术特征后，还要将本案的非显而易见性准确地描述出来，总结出实质性特点和显著的进步来说服审查员。

在第一次审查意见通知书答复中笔者只是将重点放在了具备创造性的陈述上，对本案的理解分析不够透彻，没有对权利要求1进行细致的修改，以至第一次审查意见通知书答复没有通过。笔者在第二次审查意见通知书答复中修改了主题名称及权利要求1，让新的权利要求与答复的主张相对应，笔者在今后的工作中应更加重视技术特征描述的准确性，真是差之毫厘，谬以千里。

浅谈创造性评判中的"技术启示"

王大为

【摘　要】

　　《专利审查指南 2010》中给出了创造性评判中是否存在技术启示的判断标准，即要从最接近的现有技术和发明实际解决的技术问题出发，判断要求保护的发明对本领域技术人员来说是否显而易见。审查员在判断过程中，往往在现有技术结合的逻辑推理过程中包含了发明的内容，造成是否显而易见的判断错误。笔者认为，在进行判断发明的创造性的逻辑推理时，应当始终站在现有技术的角度，始终使用现有技术公开的内容和启示进行结合后的内容与发明的权利要求进行比较。

【关键词】

　　创造性　技术启示　显而易见

一、引　言

　　就"三步法"而言，在实际操作中争辩的焦点往往集中在第三步，即要求保护的发明相对于现有技术是否是显而易见的，或者说现有技术中是否给出了是否显而易见的技术启示。《专利审查指南 2010》中给出了判断是否显而易见的标准，即要从最接近的现有技术和发明实际解决的技术问题出发，判断要求保护的发明对本领域技术人员来说是否显而易见。

　　根据《专利法》的规定，创造性是指与现有技术相比，该发明具有突出的实质性特点和显著的进步。判断一件发明是否显而易见，必须使用发明申请日之前已经公开的现有技术或者常规技术手段的结合与本发明的权利要求相比较来进行逻辑推理。即在现有技术结合的逻辑推理过程中不应该包含发明的技术内容，否则造成显而易见的判断错误。

二、案例简介

申请号：201110103206.3。

发明名称：一种直接点燃垂直浓淡煤粉气流的燃烧装置及燃烧方法。

三、案例分析

下面通过实际案例，对创造性评判中的"技术启示"进行一些探讨：

权利要求1："1. 一种直接点燃垂直浓淡煤粉气流的燃烧装置，所述燃烧装置包括一次风送粉管（1）、一次风管道（11）、煤粉喷嘴（8）和轴（10），所述一次风管道（11）由弯头（2）、过渡段（3）和喷嘴体（4）构成，所述一次风送粉管（1）通过弯头（2）与过渡段（3）的入口端连接，过渡段（3）的出口端与喷嘴体（4）的入口端连通，所述煤粉喷嘴（8）套装在喷嘴体（4）的出口端上且二者通过轴（10）连接，其特征在于：所述燃烧装置还包括分流板（5）和第一点火枪（6），所述分流板（5）位于一次风管道（11）入口端部的内腔中，所述分流板（5）的一端位于弯头（2）或过渡段（3）内，所述分流板（5）的另一端位于喷嘴体（4）内的中部，所述分流板（5）安装在一次风管道（11）入口端的前后内壁上，所述分流板（5）将所述一次风管道（11）的入口端分隔成上下两部分，所述第一点火枪（6）设置在喷嘴体（4）外侧壁的中部，所述第一点火枪（6）位于喷嘴体（4）与分流板（5）形成的上部通道的出口端处。"

审查员检索到3篇对比文件，对比文件1的公开号：CN101021319A，发明名称：一种浓淡节油点火煤粉燃烧器；对比文件2的公开号：CN1076261A，发明名称：浓淡型煤粉燃烧器；对比文件3的公开号：CN201093488Y，发明名称：水平浓淡型微油量点火煤粉燃烧器。

审查员将对比文件1作为最接近的现有技术，并且指出本发明的技术方案与对比文件1相比，区别技术特征在于：①弯头（2）的一段接一次风送粉管（1）；②分流板（5）的一端位于弯头（2）或过渡段（3）内；③煤粉喷嘴（8）套装在喷嘴体（4）的出口端上且二者通过轴（10）连接。

审查员认为对于本领域技术人员来说，在弯管入口段设接一次风送粉管是很容易想到的，将分隔板的位置作调整，设置在过渡段内或弯管内也是本领域技术人员经过简单的分析和实验就可以得出的安装方式，而在喷嘴的出口段套装煤粉喷嘴，通过轴连接也是本领域的常规技术手段。

这样的结论初看似乎很有道理，然而专利代理人在仔细阅读了审查意见和对比文件的内容后，专利代理人认为审查员在判断过程中，在现有技术的结合的逻辑推理过程中包含了本发明的技术内容，造成显而易见的判断错误。

所述分流板（5）的一端位于弯头（2）或过渡段（3）内，上述区别特征，使得从0°截面至90°截面，高浓度区逐渐向外侧的壁面附近移动，在90°截面外侧的壁面处颗粒体积浓度达到最大值，在30°截面至60°截面靠近内侧壁面的区域出现了无粒子区，经过了无粒子区后，气固分离程度累积作用达到最大，在60°~90°之间浓淡分离最明显。其中在75°截面上，靠近内侧壁面的无粒子区最大，在靠近外壁面处高浓度区域浓度最大也最集中，如果把分流板入口设在此处，可以最大可能地利用弯头的分离作用，参见图1、2和3。

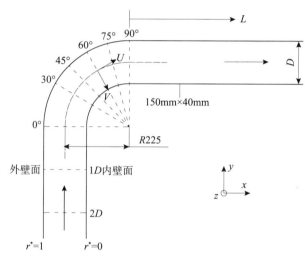

图1 90°弯管结构及PDA测量坐标系统

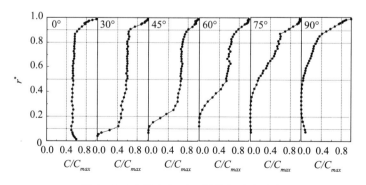

图2 90°弯管内相对颗粒体积浓度分布

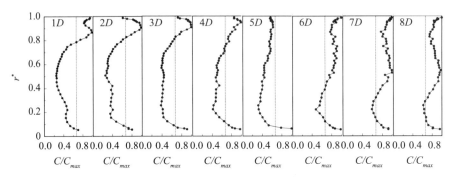

图 3　弯管后相对颗粒体积浓度分布

四、思考和探讨

　　3 篇对比文件均没有给出结合的技术启示，即 3 篇对比文件中均没有给出将分流板（5）的一端安装在弯头（2）或过渡段（3）处的启示，上述区别特征是发明人经过大量试验研究才得出的，也就是说本发明中分流板（5）的安装位置与现有的分流板（5）的安装位置完全不同，因此分流板（5）的一端位于弯头（2）或过渡段（3）属于克服技术偏见，专利代理人认为审查员是在了解了本发明内容之后才作出判断的，因而难免会对本发明的创造性估计偏低。

　　也就是说，上述推理不是站在现有技术的基础上的推理，而是看了本发明之后才知道了要解决的技术问题，并将其加入到创造性的判断逻辑推理中，这必然导致"事后诸葛亮"的错误。

　　可以说发现本发明与对比文件的区别并能看到其要解决的技术问题本身就是创造性劳动。

　　尽管判断发明的创造性确实是在看了本发明之后进行的，但是在将不同的对比文件或者公知常识进行结合时，一定要在对比文件和公知常识中寻找结合的桥梁和纽带，必须完全站在申请日（优先权日）前已经公开的技术和启示，否则必然造成事后诸葛亮的判断错误，对于发明人和专利代理人是非常不公平的。

区别技术特征实现了发明特有技术目的的申请有创造性

王　辉

【摘　要】

在审查意见答复中，专利代理人经常得到审查员多次提及"常规选择，其所能达到的技术效果是可以预见"等类似用语，从而认定发明不具备创造性，本文通过解析区别技术特征不但解决了常规技术问题，还解决了发明要解决的问题，则发明具备创造性。

【关键词】

区别技术特征　常规技术问题　创造性

一、引　言

根据《专利法》第 22 条第 1 款的规定，授予专利权的发明和实用新型应当具备新颖性、创造性和实用性。发明的创造性，是指与现有技术相比，该发明有突出的实质性特点和显著的进步。

在针对发明专利发出的审查意见中，审查员会检索与发明最接近的现有技术，即对比文件 1，并将发明与对比文件 1 相比较，经常得出结论为发明相对于对比文件 1 的区别技术特征为本领域常规技术手段，其所能达到的技术效果是可以预见的，因此，发明不具备创造性。

《专利审查指南 2010》第二部分第四章第 3 节"发明创造性的审查"中给出：下述情况通常认为现有技术存在技术启示：所述区别特征为公知常识，例如，本领域中解决该重新确定的技术问题的惯用手段，或教科书或者工具书等中披露的解决该重新确定的技术问题的技术手段。

由《专利审查指南 2010》第二部分第四章第 3 节的介绍可知：所谓的本领域常规技术手段为解决该重新确定的技术问题的惯用手段，其问题与手段为对应关系，当想到解决此问题时，即能想到运用此种手段。

针对此类审查意见的答复，有以下两种答复方法：①提供证据证明该区别技术特征不是本领域常规技术手段；②证明该区别技术特征在发明中产生了出乎意料的技术效果，当解决了与常规手段对应的问题之外，它也解决了本发明所要解决的技术问题。

二、案情介绍

申请号：201110391453.8。

发明名称：一种用于粘接聚乙烯木塑复合材料的环氧树脂胶黏剂。

本案是一种用于粘接聚乙烯木塑复合材料的环氧树脂胶黏剂，本发明涉及一种用于粘接聚乙烯木塑复合材料的环氧树脂胶黏剂，由甲组分和乙组分混合而成，所述的甲组分由环氧树脂、增韧剂和活性环氧稀释剂混合而成；所述的乙组分由聚酰胺环氧固化剂、硅烷偶联剂、脂肪胺、促进剂和耐水助剂混合而成。

针对本发明，国家知识产权局于 2013 年 1 月 7 日发出第一次审查意见通知书，并检索到最接近的现有技术——对比文件 1（CN1690154A）以及对比文件 2（CN1097020A）、对比文件 3（SBSVP 的环氧化改性及其增韧环氧树脂的研究）。对比文件 1 公开了一种双合板专用双组分胶粘剂，包括 A 组分和 B 组分，其特征在于 A 组分为改性环氧树脂，可向 A 组分中加入少量稀释剂，B 组分为低分子聚酰胺，可向 B 组分中加入少量脂肪族胺类固化剂、固化促进剂、硅烷偶联剂、增韧剂及稀释剂；对比文件 2 公开了一种通信电缆用密封胶，以环氧树脂作为胶黏剂的基体材料，可使用脂肪族胺类固化剂、低分子量聚酰胺树脂固化剂及固化促进剂，所述的固化促进剂为苯酚类化合物；对比文件 3 公开使用环氧化 SBSVP 对环氧树脂进行增韧改性的技术内容。

由对比文件 1、2 和 3 判定本发明不具备创造性，具体理由如下：（1）与对比文件 1 相比较，区别特征 1：对比文件 1 公开了在 B 组分中可加入增韧剂，该组分主要起提高粘接的机械性能的作用，由对比文件 3 可知，使用的增韧剂为常规增韧剂，将其加入到双组分环氧树脂胶黏剂的任一组分中都属于本领域的常规选择，其所能达到的技术效果是可以预见的；（2）与对比文件 1 相比较，区别特征 2：乙组分中加入了耐水助剂，本领域技术人员根据实际需要，选择诸如耐水助剂来添加到胶黏剂中对其进行改性，这也属于本领域的常规技术手段，其技术效果也是可以预期的；（3）与对比文件 1 相比较，区别特征 3：环氧树脂的用量与对比文件 1 不同，但通过有限次的常规实验即可确定得出该用量范围；且由对比文件 2 可知，使用的固化促进剂为常规促进剂。基于上述理由，本发明不具备创造性。

针对第一次审查意见通知书所作出的意见陈述，仅从对比文件 1 与本发明的两种胶黏剂的用途及所解决的问题上区别不同点，即本发明的环氧树脂胶黏剂用于粘接聚乙烯木塑复合材料，解决现有的胶黏剂用于粘接聚乙烯木塑复合材料存在剪切强度低、耐水性能差的问题，且对比文件 2 和 3 也未给出所述的胶黏剂适用于粘接聚乙烯木塑复合材料，从而带来显著的进步。

针对上述答复工作，国家知识产权局于 2013 年 7 月 10 日发出第二次审查意见通知书，判定本发明仍然不具备创造性，具体理由如下：对于意见陈述所述的对比文件 1、2 和 3 未给出所述的胶黏剂适用于粘接聚乙烯木塑复合材料，但采用环氧树脂胶黏剂对木塑复合材料进行粘接，这属于本领域的常规技术手段，且其强度是能够基本满足使用要求的，但耐水性差，由于对比文件 1 所公开的环氧树脂胶黏剂具有良好的耐水性，本领域技术人员可选择对比文件 1 所公开的环氧树脂胶黏剂用于粘接木塑复合材料的粘接以解决技术问题，且技术效果可以预期。

三、案例分析

针对两次审查意见通知书，审查员多次使用"常规选择，其所能达到的技术效果是可以预见"等类似用语，如增韧剂为常规增韧剂，属于本领域的常规技术手段，其所能达到的技术效果是可以预见的；耐水助剂为常规耐水助剂，属于本领域的常规技术手段，其技术效果也是可以预期的；环氧树脂胶黏剂对木塑复合材料进行粘接这属于本领域的常规技术手段，选用对比文件 1 公开的具有良好耐水性的环氧树脂胶黏剂能提高粘接后的耐水性。因此，仅从对比文件 1 与本发明的两种胶黏剂的用途及所解决的问题上区别不同点并具有显著进步，而避开审查员所提及的问题，很难说服审查员予以授权。

对于此类审查意见通知书的答复工作，笔者需要付出大量时间及努力，深入了解所属技术领域的专业知识，帮助并引导发明人判断区别技术特征是否为本领域常规技术手段，从此方面关注创新点。因此，第二次审查意见通知书的答复工作，笔者与发明人多次沟通及技术交流，针对审查员三次提及的"常规技术手段"及"可预期的技术效果"进行答复工作。

首先，针对审查员所提及的增韧剂为常规增韧剂，属于本领域的常规技术手段，其所能达到的技术效果是可以预见进行回答：申请人认为本发明区别于对比文件 1 的第一个特点是选用的增韧剂为环氧化苯乙烯—丁二烯—苯乙烯嵌段共聚物（环氧化 SBS）和环氧化吡啶基苯乙烯—丁二烯—苯乙烯嵌段共聚物（环氧化吡啶基 SBS）中的一种或两种的混合物。环氧化苯乙烯—丁二烯—苯乙烯嵌段共聚物（环氧化 SBS）和环氧化吡啶基苯乙烯—丁二烯—苯乙烯嵌段共聚物（环氧化吡啶基 SBS）虽为常规增韧剂，但环氧化苯乙烯—丁二烯—苯乙烯嵌段共聚物（环氧化 SBS）及环氧化吡啶基 SBS 却对聚乙烯木塑复合材料表面的聚乙烯有粘接作用，且能够和环氧树脂形成化学结合，使得本发明对聚乙烯木塑复合材料有好的粘接作用，所以本发明选用环氧化苯乙烯—丁二烯—苯乙烯嵌段共聚物（环氧化 SBS）及环氧化吡啶基环氧化苯乙烯—丁二烯—苯乙烯嵌段共聚物（环氧化 SBS）为环氧树脂胶黏剂中的增韧剂，不仅解决了增韧剂所针对的常规增韧问题，而且改善原有环氧树脂胶黏剂对聚乙烯木塑复合材料的粘接效果，即该区别技术特征在本发明中产生了预料不到的技术效果，当解决了与常规手段对应的增韧问题之外，它也解决了本发明所要解决的木塑复合材料表面难于粘接的技术问题，因此，相对于现有技术是非显而易见的。

其次，针对审查员所提及的耐水助剂为常规耐水助剂，属于本领域的常规技术手段，其技术效果也是可以预期进行回答：申请人认为本发明区别于对比文件 1 的第二个特点是选用的耐水助剂为噁唑烷。申请人列举了证明文件，证明本发明所采用的耐水助剂噁唑烷不是本领域常规技术手段，噁唑烷从来没有被人用作为耐水助剂使用。所以本发明选用噁唑烷为环氧树脂胶黏剂中的耐水助剂相对于现有技术是非显而易见的。

最后，针对审查员所提及的环氧树脂胶黏剂对木塑复合材料进行粘接这属于本领域的常规技术手段，选用对比文件 1 公开的具有良好耐水性的环氧树脂胶黏剂能提高粘接后的耐水性进行回答：申请人从技术整体上分析，本发明的环氧树脂胶黏剂对未经任何处理的聚乙烯木塑复合材料进行胶接即能达到好的胶接强度及耐水性，因此，本发明取得了预料不到的技术效果。

申请人依据陈志博等在 2011 年第 11 期《高分子材料科学与工程》上发表的《聚乙烯/木粉复合材料的液相化学氧化表面处理》中第一段记载："挤出成型时热动力学驱动力的影响使得聚乙烯聚集到挤出材料的表面，导致复合材料表面能低，难于粘接。因此，聚乙烯木塑复合材料的有效胶接必须经过表面处理后方可进行。"及东北林业大学陶岩 2012 年的硕士论文《等离子体表面处理木粉－聚乙烯复合材料胶接接头的耐久性研究》中记载："采用环氧树脂胶黏剂对等离子体处理前后的木粉/聚乙烯合材料进行粘接，在室温固化 24 小时后放入 50℃的供箱中再固化 4 小时，试样采用搭接的胶接方式。"及该硕士论文表 3－5 记载"使用环氧树脂胶黏剂粘接后的强度也仅为 1.83MPa，而且将其室温下放入水中浸泡 300 小时后，粘接试样已经失去使用价值，胶接强度为 0.13MPa。"本领域技术人员毫无疑义地确定，环氧树脂胶黏剂对聚乙烯木塑复合材料进行胶接，尽管胶接强度能够基本满足使用要求，但强度较低，为得出较好的胶接强度，需要对材料进行表面处理，且使用环氧树脂胶黏剂粘接未处理的聚乙烯木塑复合材料后胶接强度较低且耐水性能差，而本发明的环氧树脂胶黏剂对未经任何处理的聚乙烯木塑复合材料进行胶接即能达到高的胶接强度及耐水性，即该区别技术特征在本申请中产生了预料不到的技术效果，当解决了与常规材料的粘接问题之外，它也解决了本发明所要解决的难粘木塑复合材料表面的粘接技术问题。

而对比文件 1 虽对双合板起到好的粘接及耐水效果，但聚乙烯木复合材料属于难粘接材料，如不对其进行表面处理，要使得所用的环氧树脂胶黏剂对材料仍有好的粘接效果，就需要胶黏剂中含有能够粘接材料表面聚乙烯的组分，但对比文件 1 所述的组分中没有这样的物质选择。且对比文件 2 及对比文件 3 也没有这样的技术启示，本发明取得了预料不到的技术效果，因此具备创造性。

综上所述，笔者通过抗辩审查员关于区别技术特征为本领域常规技术手段，并逐点一一突破，可以毫无疑义地确定本发明与对比文件 1 相比较，区别技术特征不是本领域常规技术手段，即当解决了与常规手段对应的问题之外，也解决了本发明所要解决的技术问题，同时本发明取得了预料不到的技术效果，因此本发明具备创造性不言自明。依据此次对审查意见通知书的答复，国家知识产权局最终接受了申请人的观点，并授予本发明专利权。

四、结束语

关于"常规技术手段"及"可预期的技术效果"审查意见通知书的答复，首先，专利代理人要深入了解该领域的专业知识，并需要专利代理人和发明人之间进行良好的沟通，进一步找出有利的证据来反驳审查员，即提供有利证据证明该区别技术特征不是本领域常规技术手段；其次，证明该区别技术特征在本发明中产生了预料不到的技术效果，即当解决了与常规手段对应的问题之外，也解决了本发明所要解决的技术问题，则本发明具备创造性。

从预料不到的技术效果
争辩发明的创造性

王大为

【摘 要】

在利用"三步法"来判断创造性时，审查员与专利代理人通常在是否存在技术启示、是否显而易见的问题上存在分歧，常常是仁者见仁、智者见智。在实践中，由于专利代理人与审查员所处的地位、举证责任的承担不同，使得专利代理人往往难于从非显而易见性方面来说服审查员改变其观点。本文通过对实际案例分析，尝试从技术效果的角度出发，针对区别技术特征，论述发明能够获得预料不到的技术效果，由此确认发明的创造性。从而避免了专利代理人与审查员在是否存在技术启示问题上的纠缠，往往起到事半功倍的效果。

【关键词】

创造性　技术启示　预料不到的技术效果

一、引　言

根据《专利审查指南2010》的规定，判断突出的实质性特点就是判断要求保护的发明对本领域技术人员来说是否显而易见；判断显著的进步主要考虑发明是否具有有益的技术效果。

《专利审查指南2010》规定了判断是否显而易见的普遍性方法，即"三步法"。"三步法"实质上是判断现有技术中是否存在技术启示，促使本领域技术人员将区别特征应用于最接近的现有技术，从而实现所要求保护的发明申请。

在实践中，当利用"三步法"来否定发明的创造性时，审查员通常采用的策略是：①将区别技术特征认定为公知常识或常规技术手段，由此断定存在技术启示，将该区别技术特征应用于最接近的现有技术来获得本发明技术方案是显而易见的；②区别技术特征被另一技术方案或者另一对比文件所公开，并且通过一定的推理来断定存在技术启示，将该区别技术特征应用于最接近的现有技术来获得本发明申请技术方案是显而易见的。

认定区别特征为常规技术或是惯用技术手段，在目前的审查实践中，审查员无需举证。如果否定审查员的意见，专利代理人则需要举出反证。在实践中，当面临审查意见中审查员的推理时，除非提出能够证明所述区别技术特征为非常规技术或非惯用技术手段的证据，或者能够证明审查员的推理存在重大的缺陷或者证明按照审查员的逻辑推理不正确、甚至是荒谬的，否则很难改变审查员的观点。

根据审查指南第二部分第四章第 6.2 节以及第 5.3 节的规定：如果发明与现有技术相比具有意料不到的技术效果，则不必再怀疑其技术方案是否具有突出的实质性特点，可以确定发明申请具备创造性。该意料不到的技术效果在"质"或"量"上需明显区别于上述"有益的技术效果"。根据审查指南第二部分第四章第 5.3 节的规定：发明申请取得了预料不到的技术效果，是指发明同现有技术相比，其技术效果产生"质"的变化，具有新的性能；或者产生"量"的变化，超出人们预期的想象。这种"质"或者"量"的变化，对所属技术领域的技术人员来说，事先无法预测或者推理出来。

这实际上提供了不同于三步法的争辩创造性的思路，如果能够证明发明申请取得了意料不到的技术效果，则可以避免纠缠于是否存在技术启示的问题。

二、案例分析

申请号：201210218251.8。

发明名称：一种流速可调节的调节阀。

下面通过实际案例，对从预料不到的技术效果角度来争辩创造性进行一些探讨。

本发明的权利要求 1："一种流速可调的调节阀，其特征在于：所述调节阀包括调节阀主体（1）、调节螺母（2）和管口连接单元（3），所述调节阀主体（1）由管体（1-2）和多个导流片（1-1）构成，多个导流片（1-1）与管体（1-2）固装为一体，多个导流片（1-1）沿圆周方向均布固装在管体（1-2）的一端上，管体（1-2）所述的一端上沿圆周方向加工有外螺纹（1-2-1），所述调节螺母（2）穿过导流片（1-1）与管体（1-2）螺纹连接，管体（1-2）的另一端与管口连接单元（3）的一端连接。"

审查意见中引用了两篇对比文件，对比文件 1 的公开号：GB 107225A，发明名称：一种阀门；对比文件 2 的公开号：US3895646A，发明名称：一种控制流体流动的片状自动调节阀。

审查员检索到的对比文件 1 与发明申请文件的结构基本相同。

权利要求 1 与对比文件 1 公开的内容相比，其区别在于对比文件 1 所公开的内容没有披露如下技术特征：所述调节阀还包括多个导流片，多个导流片与管体固装为一体，多个导流片沿圆周方向均布固装在管体的一端上，所述调节螺母穿过所述导流片与管体螺纹连接。

从上述区别特征的表述可知，本发明申请的调节阀通过螺母改变导流片角度发生变化，相当于改变调节阀主体的管径，实现了液体流速的改变，可以根据需要增加液体的喷射速度，即通过旋转调节阀螺母以控制导流片构成开口的大小从而达到控制液体流速的作用，即本发明申请的调节阀通过调节螺母改变导流片角度发生变化，相当于改变调节阀主体的管径，从而实现了液体流速的改变，因此可以根据需要增加水的喷射速度。

审查意见中认为对比文件 1 与本发明申请的技术效果相同，而对比文件 1 中的调节阀并没有记载可以改变调节阀主体的管径，从而实现了液体流速的改变，根据需要增加水的喷射速度。

基于此，笔者针对区别特征，从技术效果的角度来进行了争辩。

对比文件 2 公开的一种控制流体流动的片状自动调节阀，片状阀 20 包括圆柱管体段 21 及其多个片状体 24，多个片状体 24 沿圆周方向均布固装在圆柱管体段 21 的一端。审查员指出，所述片状体在对比文件 2 中的作用为通过其构成开口的开闭来达到控制流体流动的目的，与导流片在本申请中具有类似的作用。本发明申请中导流片与调节螺母有机结合，从而导流片可以通过调节螺母控制管体开口的大小，而对比文件 2 中的多个片状体 24 只能通过开闭来达到控制流体流动，即对比文件给出的启示是通过多个片状体 24 控制管体开闭，而没有给出改变水流速度的启示，即对比文件 2 没有记载改变水流速度的效果。

这个技术效果相对于现有技术有显著的"质"的改进，显然难于从对比文件 1 和对比文件 2 中预期到，实践中审查员认同上述意见，并发出了授权通知。

三、心得体会

如果审查员与专利代理人在是否存在技术启示的问题上存在分歧，在没有提出新的明显与审查意见相反的证据或逻辑推理的情况下，要改变审查员的立场几乎是不可能的，在所接触的案例中，由于创造性而被驳回的大多数情况是：专利代理人坚持不存在技术启示，而同时又不能够说服审查员。

　　在这种情况下，可以尝试着从技术效果的角度出发，针对区别特征，基于说明书来分析与该区别技术特征相关联的技术效果，并论证本领域技术人员从现有技术中不能够预期获得这些技术效果，也许会"山重水复疑无路，柳暗花明又一村。"

深入挖掘技术手段来论证发明具备创造性

贾珊珊

【摘　要】

本文通过结合对比文件 1 与对比文件 2 对《具有良好热稳定性的 FHA/ZrO₂ 复合陶瓷粉体的水热合成制备方法》进行分析，分析认为本发明与对比文件 1 看似相同，但实质是有着本质区别的，本发明是原位复合，属于化学方法，而对比文件 1 是机械混合，属于物理方法。而且本领域技术人员并不能根据对比文件 2 的技术启示联想到本发明，因此，本文详细解析了从技术手段来论证本发明申请的创造性，使其符合了专利法第 22 条第 3 款的规定。

【关键词】

化学方法　机械混合　技术手段本身

一、案情简介

申请号：201210467107.8。

发明名称：具有良好热稳定性的 FHA/ZrO₂ 复合陶瓷粉体的水热合成制备方法。

权利要求 1："具有良好热稳定性的 FHA/ZrO₂ 复合陶瓷粉体的水热合成制备方法，其特征在于 FHA/ZrO₂ 复合陶瓷粉体的水热合成制备方法按以下步骤实现：

（一）钇稳定水合氧化锆粉体 $Y_2O_3 - Zr(OH)_4$ 的制备：

将 $ZrOCl_2 \cdot 8H_2O$ 和 $Y(NO_3)_3 \cdot 8H_2O$ 溶于蒸馏水中制成混合溶液，向混合溶液中滴加质量百分浓度 25% ～ 28% 的氨水，陈化 1.5 ～ 2h 后，将陈化后得到的沉淀进行离心、洗涤，即得到钇稳定水合氧化锆粉体 $Y_2O_3 -$

Zr（OH）$_4$；其中，所述混合溶液中 ZrOCl$_2$ 浓度为 0.19～0.21mol·L^{-1}，所述混合溶液中 Zr 与 Y 的摩尔比为 100：6；

（二）水热合成 FHA/ZrO$_2$ 复合前驱粉体：

a. 按 Ca/P 摩尔比为 1.67～1.68：1 将硝酸钙水溶液与磷酸氢二铵水溶液混合，得到 HA 前驱体系；其中，所述硝酸钙水溶液浓度为 0.50～0.55mol·L^{-1}，所述磷酸氢二铵水溶液浓度为 0.30～0.35mol·L^{-1}；

b. 用蒸馏水作介质，将步骤一中制备的钇稳定水合氧化锆粉体 Y$_2$O$_3$－Zr(OH)$_4$超声分散形成悬浊液，然后向悬浊液中滴加入步骤 a 中制备的 HA 前驱体系，再加入氟化氨，形成 FHA 前驱体溶液，同时用质量百分浓度 25%～28% 的氨水调节 FHA 前驱体溶液的 pH 值，制备成复合粉体水热前驱体系；其中，所述 HA 前驱体系是按 Zr 与 Ca 的摩尔比为 0.348～0.351：1 加入的，所述氟化氨是按 F 与 Ca 摩尔比为 0.19～0.21：1 加入的；

c. 将步骤 b 中制备的复合粉体水热前驱体系磁力搅拌 10～12h 后，放入聚四氟乙烯衬里的不锈钢水热釜中，将不锈钢水热釜放入硅碳棒烧结炉中，然后在 180～185℃下水热反应 6～6.5h，取出后依次用蒸馏水和无水乙醇洗涤水热产物，然后过滤、干燥即得到 FHA/ZrO$_2$ 复合前驱粉体；

（三）FHA/ZrO$_2$ 复合陶瓷粉体的热处理：

将步骤二中制得的 FHA/ZrO$_2$ 复合前驱粉体放在马弗炉中，1100～1120℃下进行烧结 2～2.1h，即得到物相组成为氟取代羟基磷灰石和钇稳定的四方相氧化锆 FHA/ZrO$_2$ 复合陶瓷粉体。"

对比文件 1：公开日：2011 年 11 月 19 日，"HAF/YSZ 梯度复合涂层的制备及结构和性能"，李素敏等，《中国组织工程研究与临床康复》第 15 卷第 47 期，第 8805～8808 页。

对比文件 2："含氟羟基磷灰石的性能及涂层制备技术"，艾桃桃，《现代技术陶瓷》2009 年第 2 期，第 7～11 页。

二、专利代理人的答复思路

（一）对审查意见的分析

审查意见认为本发明没有可以被授予专利权的实质性内容，不符合《专利法》第 22 条第 3 款的规定，具体审查意见如下：对比文件 1 公开了 HAF/YSZ 梯度复合涂层的制备，并具体公开了如下技术内容：采用湿法合成方法制备不同氟含量的 HAFx 粉体。将不同氟含量 HAFx 粉体与 Y$_2$O$_3$ 稳定的 ZrO$_2$ 粉体按 90%∶10% 进行混料，于行星式球磨机球磨 6h，经 100℃ 干燥 24h，研磨过筛即得 HAF/YSZ 复合粉体。将 HAF/YSZ 复合粉体置入石墨模具，采用多功能真空热压烧结炉制备 HAF/YSZ 复合靶材，烧结温度为 900℃，在 15MPa 压力下保压 60min，随炉冷却至室温，即可得到高致密度的 HAF/YSZ 复合靶材。

权利要求 1 所要保护的技术方案与对比文件 1 公开的技术内容相比，区别特征是部分工艺步骤不同。基于上述区别技术特征，可以确定权利要求 1 实际解决的技术问题是如何制备 HAFx 粉体。

对比文件 2 公开了一种制备 HAFx 粉体的方法，其中使用四水硝酸钙和磷酸二氢铵溶于蒸馏水中分别作为钙和磷的前驱液，按照 FHA 的化学计量比将氟引入剂加入磷前驱液中，然后将 Ca 前驱液缓慢滴加到 P 前驱液中并控制 Ca/P 摩尔比在 1.67，并用一定浓度的氨水调节混合溶液的 pH 值。从而制得 HAFx 涂层。审查意见认为本领域技术人员有动机将上述原料和方法运用于对比文件 1 中。

因此，审查意见认为本发明不符合《专利法》第 22 条第 3 款的规定。

（二）案例分析

首先，分析本发明与对比文件 1 技术手段是否有区别技术特征：通过对对比文件 1 的分析发现，对比文件 1 是机械混合，属于物理方法。对比文件 1 的技术方案是要以 HAF 和 Y_2O_3 稳定的 ZrO_2 为原料利用磁控溅射制备涂层。本发明是原位复合，属于化学方法。

对比文件 1 的方法是购买氧化锆粉体商品然后同自制 HAF_x 进行固相混合，本发明复合粉体的获得则是采用水热合成的化学方法一步获得，由此可知，看似本发明与对比文件 1 相同，但是分析发现两种方法是有着本质区别的。

其次，本领域技术人员是否能由对比文件 2 公开的内容运用到对比文件 1 中，即二者是否存在技术启示：对比文件 2 中给出的仅是溶胶凝胶法制备 HAF 涂层所需溶胶的一般无机路线；本发明不是要制备 HAF_x 的溶胶，而是制备出含两种粉体前驱体的溶液后再利用水热方法制备 FHA 和 ZrO_2 双组分的复合粉体。因此，本领域技术人员并不能由对比文件 2 公开的内容运用到对比文件 1 中，即二者并不存在技术启示。

三、答复审查意见

专利代理人作出如下意见陈述，本发明与审查意见中所述对比文件 1 的技术内容的区别特征在于：

首先，本发明是原位复合，属于化学方法，而对比文件 1 是机械混合，属于物理方法。对比文件 1 的技术方案是要以 HAF 和 Y_2O_3 稳定的 ZrO_2 为原料利用磁控溅射制备涂层。具体步骤分为：第一，湿法合成 HAF_x 粉体（具体方法未说明）；第二，传统固相混合方法制备 HAF/YSZ 复合粉体；第三，热压烧结方法制备靶材；第四，磁控溅射方法制备涂层。

因此，对比文件 1 主要是通过物理的方法将 HAF 粉体与 ZrO_2 两者按比例固相混合，即经过球磨、干燥等程序才能得到所需成分的粉体原料，之后对其进行进一步的热压烧结，最终得到具有多种物相组成的靶材。由于不同组分的原料粉体是通过宏观的物理混合得到的，所以易造成粉体中各组分分散不均匀的问题，从而影响材料力学性质等宏观性能的稳定性和重现性。

与本发明相关的只有前两部分：HAF_x 粉体的制备和 HAF/YSZ 复合粉体的制备，后面的步骤均与本发明无关。关于 HAF 粉体的制备，对比文件 1 只给出了"湿法合成"和"F/Ca 摩尔比"，具体方法没有说明。关于 HAF/YSZ 复合粉体的制备，对比文件 1 的方法是购买氧化锆粉体商品然后同自制 HAF_x 进行固相混合。本发明复合粉体的获得则是采用水热合成的化学方法一步获得，与对比文件 1 中复合粉体制备方法的原理完全不同，采用化学方法获得一种组分的粉体相对容易，但获得复杂组分的粉体却有难度，因为需要克服原料中所含多种离子之间的相互反应，才能得到预期的粉体组成。

其次，本发明制备的是 FHA 和 ZrO_2 双组分粉体原料，而不是分别制备出单组分的 FHA 粉体和 ZrO_2 粉体，再混合到一起。本发明采用沉淀方法制备出氧化锆的前驱体钇稳定水合氧化锆即 $Y_2O_3 - Zr(OH)_4$ 悬浊液；再制备出 HA 前驱溶液体系，并将其加入到上述水合氧化锆悬浊液体系中，进一步引入氟离子；将该体系陈化后转移到水热釜中水热处理，水热处理后所得粉体为同时含有 FHA 前驱体和 ZrO_2 前驱体（本发明中使用超声分散的体系是水合氧化锆的悬浊液，而不是氧化锆粉体的悬浊液，水合氧化锆为氧化锆的前驱体，二者的化学组分不同）。

本发明将水热处理后所得粉体进行热处理，通过两种粉体的前驱体在高温下的热解反应直接得到具有 FHA 和 ZrO_2 双组分的陶瓷粉体。

因为，本发明制备的是 FHA 和 ZrO_2 双组分粉体原料，而不是分别制备出单组分的 FHA 粉体和 ZrO_2 粉体，再混合到一起，这样避免了传统陶瓷制备工艺中复合原料粉体各组分分散混合不均匀的问题；由于是通过化学方法得到的复合原料粉体，各组分的混合是在液相中在原子尺度下进行，所以要比传统的固相混合得到的原料粉体具有更好的粒度及化学均匀度。目前，采用化学方法直接制备出所需复合组成的原料粉体已经成为制备材料的主流趋势。

最后，本领域技术人员并不能由对比文件 2 公开的内容运用到对比文件 1 中，即二者并不存在技术启示。

对比文件 1 所述材料的制备方法是先分别制备出 HAF 粉体和 ZrO_2 粉体（采用湿法合成方法制备不同氟含量的 HAF_x 粉体），再通过固相混合的方法"将不同氟含量的 HAF_x 粉体与 Y_2O_3 稳定的 ZrO_2 粉体按 90%：10% 进行混料，于行星式球磨机球磨 6 小时"。如本发明的粉体用于后续块体材料的制备，则无需混料，直接可以进行成型、烧结。并且，直接用水热化学合成方法制备的所需组分复合粉体与将原料进行传统固相混合得到的复合粉体相比，粉体组分均匀性有很大的改善，从而对陶瓷的宏观性能将产生极大影响。

最主要的是，对比文件 2 与本申请的技术内容的区别在于：对比文件 2 中在提到含氟羟基磷灰石涂层的溶胶凝胶制备方法时仅仅给出了获得该种单组分溶胶的一般无机路线，即便将该方法同对比文件 1 相结合，得到的仍然是含氟羟基磷灰石的单组分粉体，而无法直接得到 HAF/ZrO_2 双组分粉体，因为对比文件 1 中也是先制备出 HAF 粉体之后再与商品氧化锆粉体固相混合的。对比文件 2 中给出的仅是溶胶凝胶法制备 HAF 涂层所需溶胶的一般无机路线。

本发明不是要制备 HAF_x 的溶胶，而是制备出含两种粉体前躯体的溶液后再利用水热方法制备 FHA 和 ZrO_2 双组分的复合粉体；因此，本领域技术人员并不能由对比文件 2 公开的内容运用到对比文件 1 中，即二者并不存在技术启示；

《东北大学学报》2006 年第 27 卷第 12 期中的文章《共沉淀法原位合成 TiB2/ B4C 陶瓷复合粉体》（作者：何凤鸣，许海飞等）中提到：在陶瓷材料的传统制备工艺中常用球磨法混料，这样容易造成原料混合不均匀，影响陶瓷材料的致密化和显微结构的均匀性。对于陶瓷复合材料，人们发现采用包覆的方法制备陶瓷复合粉体可以控制粉体的团聚状态，提高弥散相和烧结添加剂的混合均匀度，促进烧结，并可以改变复合陶瓷中异相结合状态，降低界面残余应力，调整复合粉料胶体特性，这对制备高性能的 TiB_2/ B_4C 陶瓷复合材料具有一定的理论指导意义和实用价值。

本发明涉及的粉体组分中 FHA 和 ZrO_2 的比例以及 FHA 中氟的含量都是通过大量实验得出的，若此两种比例改变其一，均会导致复合粉体的组分不同和稳定性下降。

审查员接受了专利代理人的意见，决定授予本发明的专利权。

四、心　得

本文在遵循"三步法"答复本发明的审查意见提出的创造性问题的同时，对最接近的现有技术与对比文件 1 进行了深度分析，结果专利代理人发现了答复成功的关键点即本发明与对比文件 1 的合成方法存在实质不同，本发明采用化学方法，而对比文件 1 采用的是机械混合方法，对比文件 1 中由于不同组分的原料粉体是通过宏观的物理混合得到的，所以易造成粉体中各组分分散不均匀的问题，从而影响材料力学性质等宏观性能的稳定性和重现性，而本发明则不存在此问题，由此展开论证，成功答复了本次审查意见。

基于本次审查意见的成功答复总结得出，在遇到类似审查意见时，首先应该认真研读审查意见，对审查意见提出的区别技术特征进行辩证分析，同时，不应该仅仅局限于审查意见提出的技术区别，应该纵观全局，结合本发明的发明点深入挖掘，看似相同的技术手段往往隐藏着本发明的关键点所在，透过现象挖掘出技术手段的不同，这对于成功答复审查意见是至关重要的。

第二部分

发明专利说明书公开不充分无授权前景的案例

答复不符合《专利法》第26条第3款的审查意见方法的概述

刘士宝

《专利法》第26条第3款中规定："说明书应当对发明或者实用新型作出清楚、完整的说明，以所属技术领域的技术人员能够实现为准。"

在《专利审查指南2010》中，给出了其具体标准，即：说明书对发明或者实用新型作出清楚、完整的说明，应当达到所属技术领域的技术人员能够实现的程度。也就是说，说明书应当满足充分公开发明或者实用新型的要求。

业内对于该法条的审查意见，称为：公开不充分。

一、对于符合《专利法》第26条第3款的申请文件撰写分析

笔者认为：关于专利申请文件的撰写符合《专利法》第26条第3款的规定，专利代理人相对于申请人具有更为重要的作用。

所谓高质量的专利文件，是既达到了最大的保护范围，又能使申请人的技术秘密不过度披露。如何掌握这个平衡，是专利代理人的水平、能力以及责任心的综合体现。

一般地，申请人作为"技术提供人"，通常交底材料会出现两个极端的情况：

第一种情况：申请人为了寻求最大的保护，会最大限度地提供与其申请相关的资料，以使专利代理人能够清晰地获知其发明的各个细节；第二种情况：出于担心被仿制，导致技术秘密最大限度地保留，专利代理人对于技术本身的获知严重受限。

无论是哪一种情况，如果专利代理人将申请人提供的资料仅仅进行整理或

是文字排版，即提交申请，那么即使该申请最终获得授权，其产品的保护能力或者权利的稳定性都很难经得起市场的检验。

二、对于《专利法》第 26 条第 3 款的审查意见答复分析

专利代理人对于该法条的解读、技术处理、答复审查意见的作用极为突出，本部分将在答复审查意见的争辩角度给出专利代理人在答复此类审查意见时的做法，以窥专利代理人对于该法条的代理实战中的一斑。

本部分精选 7 个案例以 3 种不同的争辩方式进行了该法条的争辩，归纳这 3 种争辩方式为：①修改原始申请文件以及解释说明法；②举证法；③抗辩法。

对于第①种争辩方式，适用于《专利审查指南 2010》中列举的如下两种被认为违反《专利法》第 26 条第 3 款的情况：

（1）说明书给出了技术手段，但对所属技术领域的技术人员来说，该手段并不能解决发明或者实用新型所要解决的技术问题。

（2）申请的主题为由多个技术手段构成的技术方案，对于其中一个技术手段，所属技术领域的技术人员按照说明书记载的内容不能实现。

对于这两种情况，在争辩中，在符合《专利法》第 33 条的情况下，通过改变要解决的技术问题，或者删除多个问题中技术方案所未能解决的技术问题，从而实现要解决的技术问题与技术方案相对应，以克服公开不充分的问题。

杨立超撰写的《重新确定发明目的可以作为公开不充分答复的突破口》，侧重于修改欲解决的技术问题的角度，给出争辩成功的案例。

侯静撰写的《据审查意见剖析审查员的心理进而解决公开不充分的问题》从侧重于分析审查员的心理，进而针对性解释说明的角度，给出争辩成功的案例。

对于第②种争辩方式，适用于《专利审查指南 2010》中列举的如下两种被认为涉及《专利法》第 26 条第 3 款的情况：

（1）说明书中给出了技术手段，但对所属技术领域的技术人员来说，该手段是含糊不清的，根据说明书记载的内容无法具体实施。

（2）说明书给出了具体的技术方案，但未给出实验证据，而该方案又必须依赖实验结果加以证实才能成立。

对于上述（1）种情况，在实际代理工作中，最多出现的是：技术方案中的某些参变量缺少物理定义或取值范围，导致审查员认为该技术手段含糊不

清，无法具体实施。在争辩中，通常采用举证在申请之前公开的本领域的教科书、期刊、杂志等，证明申请文件中缺失的参变量的物理含义或取值范围是本领域的公知常识，进而克服公开不充分的缺陷。

对于上述第（2）种情况，在实际代理工作中，较多出现于生物化工领域，这些技术方案所对应的技术效果或用途，往往依赖于实验结果加以证实。在争辩中，专利代理人需要提供相应的实验数据进行证明。

黄亮撰写的《通过举证的方式答复公开不充分的审查意见》，着重通过举证的角度给出争辩成功的案例。

侯静撰写的《全面深入地分析证据在答复公开不充分审查意见中的作用》侧重于证据的完整性和全面性的角度，给出争辩成功的案例。

对于第③种争辩方式，除适用于上述第①种争辩方式和第②种争辩方式所对应于《专利审查指南 2010》中的情况，还适用于《专利审查指南 2010》中列举的如下被认为违反《专利法》第 26 条第 3 款的情况：

（1）说明书中只给出任务和/或只表明一种愿望和/或结果，而未给出任何使所属技术领域的技术人员能够实施的技术手段。

还适用于另一种情形：即：（2）审查员认定事实错误。

上述第（1）种情况实际上也是申请人以及专利代理人对于审查员认定的事实认为值得商榷，最终演化为对于模糊界限的探讨。在实际代理工作中，出现较多的技术方案会游走于这种"临界点"上，具体到技术方案，如：评估方法、评价方法、商业方法、质量控制方法等，经常会发生与审查员的激烈辩论。经过本所专利代理人的争辩，绝大多数这类申请都成功地说服了审查员，获得了授权。

上述第（2）种情形是一种貌似容易、实质上极具挑战性的争辩。这是一种"纠偏"的工作，首先，审查员毫无疑义是本领域的技术人员，其具备准确了解一件新申请的各个技术细节，并以客观、公正的角度予以评价的能力。而本所代理人撰写的文件，最重要的一点就是严格控制质量，标准之一就是足以让审查员准确地获知必要的技术细节。那么在这种情况下，如果审查员仍然出现了认定事实的错误，实质上就要求争辩的专利代理人要具备足够强大的逻辑、技术解读能力以及文字表达能力，才能将审查员从"歧途"引回到"正途"，最终获得授权。

张宏威撰写的《挖掘认定事实错误的"主因"是答复公开不充分审查意见的关键》，侧重于认定事实错误情况下进行有效抗辩的角度，并给出争辩成功的案例。

贾珊珊撰写的《不能把产品的成品率低等同于不具有再现性》侧重于寻

找审查员认定的事实或推论过程出现的瑕疵进而寻找应答的角度，并给出争辩成功的案例。

杨立超撰写的《记载有实现基本发明目的技术方案的说明书是公开充分的》是从专利法的高度，针对法条的解读和立法宗旨与审查员进行辩论并取得成功的案例。

本部分从三个角度展示了对公开不充分的审查意见的争辩方法，以供读者参考。

挖掘认定事实错误的"主因"
是答复公开不充分审查意见的关键

张宏威

【摘　要】

公开不充分的审查意见，往往都是由于审查员对专利申请所阐述的技术方案的理解与专利代理人不一致所导致的，因此，答复该类审查意见的要点就在于如何让审查员对专利申请所记载的技术方案的理解与专利代理人所理解的基本一致，如果能够通过意见陈述达到上述效果，则该类审查意见基本都能够答复通过。而要想通过一次意见陈述就达到上述效果，最重要的是要通过审查意见挖掘获得审查员与专利代理人对技术方案理解不一致的"主因"，然后根据该"主因"对症下药，才能够尽量达到通过一次意见陈述让审查员与专利代理人对技术方案的理解基本一致的效果，进而获得专利授权。

【关键词】

公开不充分　所属技术领域的技术人员　挖掘主因

一、案件简介

申请号：201110129826.4。

发明名称：漏抗可变宽转速范围输出永磁发电机系统。

权利要求 1："漏抗可变宽转速范围输出永磁发电机系统，由一台三相永磁同步发电机和两个三相整流器构成，所述三相永磁同步发电机包括定子、转子和气隙，其特征在于，所述转子由永磁体（6）、转子轭（7）和转轴构成，转子极数为 10n；所述定子由铁心（1）和两套三相绕组构成，所述两套三相绕组之间的相位差为 30°电角度；所述定子铁心（1）的槽数为 12n，n 为正整数，所述两套三相绕组均为集中绕组，每套三相绕组由 6n 个线圈构成，每套

三相绕组中的 $6n$ 个线圈沿圆周均匀分布缠绕在电枢铁心齿（4）上，即每隔一个齿缠绕一个线圈；两套绕组的匝数不同，匝数多的一套绕组（2）嵌放在槽的底层，匝数少的另一套绕组嵌放在槽的上层，即靠近槽口侧，上层绕组与下层绕组之间设置有由磁性材料构成的漏抗调节片（5）；每套三相绕组的输出端连接一个三相整流器的交流输入端，两个三相整流器的直流输出端并联或串联之后，接到公共直流母线上。"

二、案情详述

（一）审查意见分析

第一次审查意见的篇幅很短，具体阐述判定本发明不符合《专利法》第26条第3款的理由为：本发明要求保护一种漏抗可变宽转速范围输出用此发电机系统，即该用此发电机系统的漏抗是可变的。因而"使得漏抗可变"是本发明所要解决的技术问题。然而，根据说明书的记载，其技术方案只是在定子的双层绕组之间设置了一个由磁性材料构成的漏抗调节片，但并未详细描述漏抗调节片是如何操作以达到漏抗可变的效果，也未记载如何通过其他手段达到漏抗可变的效果。而本领域技术人员根据普通的技术知识，无法明了如何能够调节永磁发电机系统的漏抗。也就是说，说明书中给出的技术手段并不能解决所述的技术问题，致使本领域技术人员根据说明书的记载，不能够实现该发明。

对上述审查意见进行分析能够获知，审查意见的推理逻辑应当为：首先，从本发明的主题名称确定其所述的技术方案一定要达到"漏抗可变"的技术效果；其次，说明书中记载的都是电机的结构特征，而未直接阐述"调整漏抗"的方法，技术方案中与漏抗相关的技术特征只有"漏抗调节片5"，并且该"漏抗调节片5"的形状是固定的、位置也是固定的，技术方案中也未阐述任何改变该"漏抗调节片5"的形状或位置的技术手段。因此得出结论：本发明所记载的技术方案无法实现"漏抗可变"的技术效果。

根据上述分析，再看本申请的说明书中文字的记载以及说明书附图（参见图2和图3）的具体结构：

根据说明书中对技术方案的记载并结合图1和图2能够确定，本发明中的"漏抗调节片5"的技术特征是位于两层绕组之间的平板状结构，其贯穿在槽内，并且没有与任何驱动结构相连接，因此不可能作形状或位置的改变。

根据上述分析能够确定，本次审查意见是由于审查员对本发明的技术方案

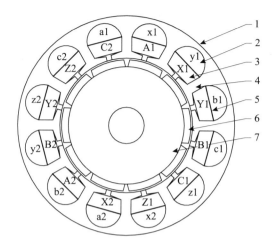

图1　具体实施方式二所述的永磁电机的结构示意图

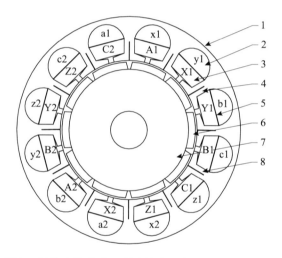

图2　具体实施方式四所述的永磁电机的结构示意图

的工作原理上存在误解而导致的，即审查员没有正确理解本发明的漏抗可变宽转速范围输出永磁发电机系统的工作原理。

（二）答复过程

根据上述对审查意见的分析，获得答复该审查意见的要点应当为：说明本发明的技术方案是如何达到"漏抗可变"的技术效果的，并且，要论证达到该技术效果对应的技术特征应当仅仅是说明书所记载的"结构特征"所带来的，并在实现"漏抗可变"的过程中无需"改变结构"，即：无需改变"漏抗调节片 5" 的形状或位置就能够实现的。

根据上述确定的答复要点,专利代理人首先从说明书中查找到了所有关于漏抗可变的原理的相关论述作为证据;然后,根据这些证据进行论述,通过简单的推理获得最终的结论,所述"简单的推理"就是利用审查意见中指出的"本领域技术人员根据普通的技术知识"就能够推理获得的内容,进而证明本申请所记载的技术方案对于本领域的普通技术人员来说是"清楚的、能够实现的",因此符合《专利法》第 26 条第 3 款的规定。下面详细论述答复组织材料的过程:

首先,从说明书中查找获得关于漏抗可变的原理的相关证据并论述。

(1) 原说明书第 [0008] 段记载:由于发电机中的两套绕组的匝数不同,匝数多的绕组 2 的反电势高于匝数少的绕组 3 的反电势。发电机的转速较低时,匝数多的绕组 2 就会有功率输出,随着发电机转速的升高,匝数多的绕组 2 输出功率和电流也会增大,但是由于匝数多的绕组 2 的线圈边所在槽的槽口宽度小、槽口高度高,因此,匝数多的绕组 2 的漏抗大,抑制了高速时的输出电压增大,从而限制了高速时的输出功率,保证其不会因电流超过限制值而损坏。匝数少的绕组 1 只有发电机高速时才会有输出,并且由于匝数少的绕组 1 的漏抗小,因此匝数少的绕组 1 可以输出大电流、高功率。

(2) 原说明书第 [0010] 段记载:本发明通过采用特殊的电枢结构,使绕组漏抗随输出电流大小可变,从而限制绕组的输出功率,利用两套绕组的合成输出,实现了从低速到高速的发电机输出功率的跟随,提高了发电机的机电能量的转换效率。

然后,根据上述两个证据组织论述材料:根据上述第 (2) 个证据,本领域技术人员根据本领域的普通的技术知识应当能够确定:本申请能够实现"漏抗可变"的技术效果对应的技术特征就在于"特殊的电枢结构"。而该种"特殊的电枢结构"就是权利要求 1 所记载的结构,主要特征有:①所述定子由铁心 1 和两套三相绕组构成;②两套绕组的匝数不同,匝数多的一套绕组 2 嵌放在槽的底层,匝数少的另一套绕组嵌放在槽的上层,即靠近槽口侧;③上层绕组与下层绕组之间由磁性材料构成的漏抗调节片 5。

再根据上述第 (1) 个证据,能够获知上述"特殊的电枢结构"的工作原理为:利用匝数不同的绕组的漏抗不同的原理,将电枢结构设计为:"所述两套三相绕组均为集中绕组,每套三相绕组由 6n 个线圈构成,每套三相绕组中的 6n 个线圈沿圆周均匀分布缠绕在电枢铁心齿 (4) 上,即:每隔一个齿缠绕一个线圈;两套绕组的匝数不同,匝数多的一套绕组 (2) 嵌放在槽的底层,匝数少的另一套绕组嵌放在槽的上层,即:靠近槽口侧,上层绕组与下层绕组之间设置有由磁性材料构成的漏抗调节片（5）"（参见独立权利要求记载）。即：通过将绕组的线圈设置在槽内不同位置以及设计不同的线圈匝数，进而达到利用电机工作过程中绕组中的工作电流的变化实现对漏抗的调节，而技术方案中的"漏抗调节片5"是位于两层绕组之间的磁性材料，除了隔离两层绕组之外，其主要功能和作用就是用来实现导磁的作用，即：用于增强两层绕组所形成的磁场的交互。

在做完上述证据查找和论述材料的组织之后，开始撰写意见陈述，并在意见陈述书的最后强调：实现"漏抗可变"的技术效果对应的技术特征就在于"特殊的电枢结构"，即在于电机的电枢结构特征，由于该"特殊的电枢结构"使得电机系统在工作过程中根据工作电流的大小实现漏抗调节，进而达到"漏抗可变"的技术效果。并且上述工作原理在原说明书中有详细记载，本领域普通技术人员根据原说明书中的相关记载就能够获知上述技术效果的实现原理，因此，最终获得结论：本申请的说明书对于本领域的普通技术人员来说是清楚的，符合《专利法》第 26 条第 3 款的规定。

三、体会及评析

《专利法》第 26 条第 3 款规定，说明书应当对发明或者实用新型作出清楚、完整的说明，以所属技术领域的技术人员能够实现为准。对于出现公开不充分的审查意见的情况，有些是由于审查员没有正确理解专利申请所记载的技术方案所导致的。

根据上述法条的规定能够确定，判定是否符合上述法条的主体是"所属技术领域的技术人员"，根据《专利审查指南 2010》中对"所属技术领域的技术人员"的定义为："他是一种假设的'人'，假定他知晓申请日或者优先权日之前发明所属技术领域所有的普通技术知识，能够获知该领域中所有的现有技术，并且具有应用该日期之前常规实验手段的能力，但他不具有创造能力。"根据上述定义能够确定，实际上"所属技术领域的技术人员"是一个假设的人，而审查员在审查案件的过程中，只是在扮演这样一个角色，实际上针对各个领域的专利申请，审查员并不一定能够都符合上述条件，即：审查员不能够获知其所审查的所有案件所属技术领域的所有普通技术知识，因此，在审查员不完全符合上述条件的前提下，对所审案件的技术方案理解有误或者不理解的情况是不可避免的。

针对由于审查员对技术方案的误解而发出的涉及《专利法》第 26 条第 3 款的审查意见，有些专利代理人在答复时，没有认真地去阅读和理解审查意见，而是直接从发明人或专利代理人自己对技术方案的理解角度出发，大篇幅地阐述技术方案本身及其工作原理。笔者认为这种答复方式非常不利于帮助审查员正确理解专利申请，有时候还会导致第二次审查意见通知书的发出，造成审查周期延长。

笔者认为，实质审查的过程就是审查员和专利代理人的沟通过程，当"审查员和专利代理人对技术方案的理解基本一致"时，案件的审查进度就会加快。而该沟通过程的主要渠道就是"审查意见"和"意见陈述"，因此，要想让沟通顺畅，首先要理解对方想要表达的实际含义，并尽量让自己的意见被对方接受。因此，针对该类审查意见，答复要点在于获知审查员对技术方案产生的误解的"主因"是什么，只有获知了该"主因"才能够准确地在意见陈述书中陈述相关内容消除审查员的误解，这样才能够让审查员尽快正确理解专利申请所要表述的真正含义。而要获知该"主因"的途径就是对审查意见的分析。因此，在答复该类审查意见的时候，首先要根据审查意见的内容准确地获得审查员对技术方案理解有误的"主因"在哪里，只有找到这个"主因"才能够有针对性地去作相应的意见陈述，让审查员在阅读意见陈述的时候消除误解，并获知申请文件中所要表达的正确而准确的意义，进而加快审查进度。

四、结束语

经过上述答复之后，审查员理解了本发明技术方案的工作原理，认可了专利代理人的观点，本案于 2013 年 10 月 23 日授权公告。本案在答复过程中，由于准确地挖掘到了审查员发出审查意见的"主因"，并针对该"主因"进行了详细的解释，因此才能够顺利答复通过并最终授权。

重新确定发明目的可以作为
公开不充分答复的突破口

杨立超

【摘　要】

　　《专利法》第 26 条第 3 款规定，说明书应当对发明或者实用新型作出清楚、完整的说明，以使所属技术领域的技术人员能够实现为准。清楚、完整是前提，能够实现是结果，本文通过一个具体的案例来说明：在答复公开不充分的审查意见时，当说明书清楚、完整地说明要求保护的技术方案时，实施该技术方案所属技术领域的技术人员是否能够实现说明书所声称的发明目的是至关重要的。如实现不了说明书中所声称的发明目的，在满足《专利法》第 33 条的前提下，可限缩式地重新确定发明目的，以使说明书中清楚、完整记载的技术方案能实现该重新确定的发明目的。

【关键词】

　　公开不充分　重新确定发明目的

一、基本信息

申请号：200910071831.7。
发明名称：纤维混凝土搅拌均匀度测量仪。

二、案情概述

　　本发明申请要求保护的主题是一种纤维混凝土搅拌均匀度测量仪，其发明的目的是为了解决纤维混凝土中纤维的分布均匀程度无法测量的问题。从说明书的记载来看，说明书中实质仅详细描述了用于纤维混凝土的有效取样的取样装置，并记载了如何取样，至于如何计算得出纤维混凝土样品的纤维分布均匀度并没有给出具体的技术手段。

针对上述发明申请，审查员在第一次审查意见通知书中指出：本申请的说明书未对发明作出清楚、完整的说明，所属技术领域的技术人员不能够实现该发明，不符合《专利法》第26条第3款的规定。具体理由如下，本发明欲解决的技术问题是测定纤维混凝土搅拌均匀度，根据其对原理的介绍可知，首先将测量仪插入待测混凝土中对混凝土进行采样至测量器中，后将测量仪放入水槽中清洗，清洗掉水泥浆，而将纤维留在测量仪的槽和凹窝中，检测每个槽和凹窝内纤维的数量，从而测量出纤维分布的均匀度。

针对该测量方式，首先，采样后采用放水冲洗的方式，纤维作为轻质材料分布于混凝土样品中，在将水泥浆冲洗掉的过程中，本领域技术人员无法理解如何才能将其中的纤维留住，并用保持其所在的位置？其次，即便能够留存部分纤维，那么本领域技术人员也无法明确如何采用计算水洗后纤维的具体数量？最后，即便能够计算出部分纤维的数量，那么本领域技术人员也无法明确该数量如何计算出纤维分布的均匀度？因为如上第一点所述，纤维在冲洗过程中，并无法保证其位置是固定的。

针对上述审查意见，专利代理人的答复如下：本发明欲解决的技术问题是实现纤维混凝土中纤维的分布均匀程度的测量，实现纤维混凝土中纤维的分布均匀程度的测量的前提是如何有效地获取纤维混凝土样品，本发明实质要解决的技术问题就是如何有效获取纤维混凝土样品，从而提供了纤维混凝土搅拌均匀度测量仪，其实质是一种基于检测纤维混凝土搅拌均匀度的取样装置。

说明书中记载的"基于检测纤维混凝土搅拌均匀度的取样装置"是这样完成纤维混凝土的取样的："将取样杆2伸入外壳1内，滑销5进入轴向槽9内，转动手轮6，滑销5滑入周向槽10的一端，取样杆2上的槽3及凹窝13被外壳1的第一无孔区1-1和第二无孔区1-4封盖，将取样装置垂直插入到被测的搅拌的纤维混凝土内，顺时针转动手轮6，滑销5滑到周向槽10的另一端，取样杆2的槽3及凹窝13与外壳1的第一开槽区1-2和第二开槽区1-5相对应，纤维混凝土进入槽3及凹窝13内，然后逆时针转动手轮6，滑销5回到其初始位置，被测新搅拌的纤维混凝土的取样被封闭在将取样杆2上的槽3及凹窝13内，完成新拌纤维混凝土的取样（请参见说明书工作原理一段的描述）。从说明书记载的技术方案可知，取样装置的整体外形为细长杆状且取样装置的外壳1的前部为圆锥形，便于取样装置垂直插入到被测新拌纤维混凝土的一定深度内，取样杆2上设有槽3及凹窝13，能汲取纤维混凝土中横向、纵向分布的纤维，实现了对纤维混凝土的有效取样，即有效获取了纤维混凝土样品。正如审查员在审查意见中指出，"将测量仪（即所述取样装置）插入待测混凝土中对混凝土进行采样至测量器中（即样杆 2 上的槽 3 及凹窝 13 内）……"至此，不难看出，所属技术领域的技术人员根据说明书中的文字记载的技术方案和说明书附图，能实施本发明，而且能够实现纤维混凝土中纤维的分布均匀程度的测量的前提是如何有效获取纤维混凝土样品。因此，申请人认为本申请的说明书已对发明作出清楚、完整的说明，所属技术领域的技术人员能够实现本发明，符合《专利法》第 26 条第 3 款的规定。

针对审查员在审查意见中提出的三个问题，申请人发表如下意见：上述三个问题是基于利用本发明所述取样装置如何进行纤维分布均匀度的测量而提出的，属于利用本发明所述取样装置完成取样后的后续过程的操作层面，因本发明的实质技术目的是新拌纤维混凝土的取样且其技术目的已实现，换言之，本领域技术人员不需要了解这方面的内容也能实现本发明的技术方案。因此说，上述三个问题与本发明目的的实现并不关联。为了让审查员了解完成纤维混凝土取样后的后续过程，申请人仍对上述三个问题进行了解答。

针对上述第一个问题：完成纤维混凝土取样后，从纤维混凝土中抽回取样装置，转动手轮 6，滑销 5 在周向槽 10 内滑动，使取样杆 2 的槽 3 及凹窝 13 与外壳 1 的第一开孔区 1−3 和第二开孔区 1−6 相对应，将取样装置放入水槽中清洗，水泥浆被清洗掉，纤维留存在槽 3 和凹窝 13 内，在清洗时，先将第一开孔区 1−3 用塑料薄膜封住，将取样装置水平放入水槽内，将第二开孔区 1−6 朝上，用水冲洗 3 至 5 分钟并轻轻径向转动几次即可，水由外壳 1 上的小孔径向进入槽 3 及凹窝 13 内的纤维混凝土样品内，径向进水，垂直于纤维，不会对取样杆 2 上槽 3 及凹窝 13 中的纤维产生单一方向的轴向推力（或拉力），不能推动（或拉动）纤维混凝土样品中的纤维，冲洗过程中纤维不会从外壳 1 上的小孔出来，因此冲洗完毕后，纤维仍保存在取样杆 2 的槽 3 及凹窝 13 中。随后，再用塑料薄膜将已冲洗好的第二开孔区 1−6 封住，敞开第一开孔区 1−3，重复上述步骤，继续冲洗第一开孔区 1−3 所对应的取样杆 2 内的纤维混凝土。

针对上述第二个问题：完成冲洗后，转动手轮 6，将取样杆 2 从外壳 1 内抽出，用镊子夹纤维，检查并记录每个槽 3 及凹窝 13 内的纤维数，从而得到每次取样中的纤维总数。

针对上述第三个问题：在本发明申请的背景技术中记载有"在 1m³ 纤维混凝土中由于分散着数目不等的各种纤维，故其增强效果遍及混凝土内部的各个部分，使其整体显现均质材料的特征……"以目前应用较为广泛的聚丙烯纤维混凝土为例，纤维分布的均匀性可以这样计算：已知 $1m^3$ 纤维混凝土中含有 8 万根纤维，每个单元（一个槽和一个凹窝）采样量设定是 $10cm^3$，则每个采样单元的标准纤维数目应该是 80 根，如果测出某个单元的纤维根数是 70 根，则该层面的不均匀度为（70 – 80）/80 × 100% = – 12.5%，它代表了同一取样处不同深度处纤维分散的均匀程度，该位置纤维量偏低；还可以对不同区域的纤维混凝土进行取样，取样装置中共有 8 个检测单元，如果某个取样处 8 个单元的纤维总数是 750 根，则该取样处的不均匀度为（750 – 640）/640 × 100% = 17.2%，该取样处纤维量偏高。对于聚丙烯纤维这种质轻、单元内根数较多的情况还可以采取用较精密电子天平称取每一检测单元纤维重量的方法；对于其他类型的纤维混凝土，检测单元内纤维根数较少的情况，直接查纤维根数即可。

上述三个操作过程均是本领域的公知常认。

纤维混凝土搅拌均匀度（纤维分布的均匀度），这是本领域的技术术语，当面对取好的纤维混凝土样品，本领域技术人员运用其本身所具有的普通技术知识和常规实验手段能力是完全能计算出纤维混凝土搅拌均匀度的。

综上，申请人认为本申请的说明书已对发明做出清楚、完整的说明，所属技术领域的技术人员能够实现本发明，符合《专利法》第 26 条第 3 款的规定。

三、感想和体会

在答复公开不充分的审查意见时，当说明书清楚、完整地说明要求保护的技术方案时，实施该技术方案所属技术领域的技术人员是否能够实现说明书所声称的发明目的是至关重要的，可限缩式地重新确定发明目的，以使说明书中清楚、完整记载的技术方案能实现该重新确定的发明目的。

一般答复公开不充分的审意意见，往往需要提供现有技术或教科书等作为证据进行答复或通过逻辑推理进行陈述。而针对本发明申请的答复，专利代理人突破了常规思路，重新确定发明目的，从而使问题迎刃而解。作为专利代理人，应深刻解读《专利法》及《专利审查指南 2010》的规定并能灵活运用，甚至突破《专利审查指南 2010》的相关规定。准确地找出问题的焦点所在，以及问题对应的相应要件，选对切入点进行有效答复，这样才能提高答复实质问题审查意见的通过率。

据审查意见剖析审查员的心理
进而解决公开不充分的问题

侯 静

【摘 要】

　　发明专利申请的说明书公开不充分，一直是发明专利申请中困扰发明人及专利代理人的重要问题。有时是因为发明内容本身存在致命的缺陷，通常无法答复；而有时是由于审查员理解不当，而被认为无法实现。那么当遇到不符合《专利法》第26条第3款的问题时，如何判断是否可以答复，就要针对审查意见的具体内容进行分析。笔者以自己答复成功的案例为例，作为分析答复公开不充分审查意见的一种方法，希望能给予启示。

【关键词】

　　不清楚　不完整　无法实现　说明书公开不充分

一、案例概述

申请号：201110129217.9。

发明名称：水溶型止血材料及其制备方法。

本发明保护一种水溶型止血材料及其制备方法，审查员认为本申请说明书没有作出清楚、完整的说明，致使本领域技术人员无法实现。经过笔者仔细分析，先后进行三次答复，最终获得专利权。

以下是对审查员提出的问题进行的解释：

本发明的水溶型止血材料由氧化再生纤维素羧酸钠织物与盐酸发生梯度酸化反应制成，氧化再生纤维素羧酸钠织物在与盐酸反应时能够保持原来的形状，既不会溶解也不会形成凝胶。

本发明的水溶型止血材料止血的机理为：水溶型止血材料具有羧酸钠官能团，遇到水、盐溶液或血时能够在羧酸钠官能团作用下形成凝胶，进行止血。

因此审查员认为其酸化过程与止血过程是前后矛盾的。

另外，由于羧酸钠官能团具有水溶性，在酸化过程中由于接触水，氧化再生纤维素羧酸钠织物会溶解形成溶液，而理论上溶液反应时机会是均等的，因此审查员认为本发明不能形成梯度酸化。由此认为本发明的技术手段是无法实现的。

二、答复过程

笔者在经过仔细阅读审查意见后，对审查员产生疑问的原因进行了初步分析。审查员认为氧化再生纤维素羧酸钠织物由于具有羧酸钠官能团，接触水会溶解形成溶液。如果按照审查员的理解，以本发明的方法制备出的将是不成型的物质。而本发明的止血材料如说明书附图4所示，为织物状。另外，本申请的发明人为研究止血材料的专家，应该不会出现审查员所述酸化过程与止血过程前后矛盾的技术错误。因此很可能是因为审查员没有理解本发明的技术方案。

随后笔者与发明人进行了沟通，了解了技术方案实际的原理，更加确定了笔者之前的推测。

接下来要做的就是如何解除审查员的疑虑，如何让审查员充分地理解本发明。这就要做到逻辑清晰、有理有据地争辩。

本发明的水溶型止血材料止血的机理为：止血材料的表面层含有—COOH，在接触血液时会逐渐溶胀、溶解，使止血材料的纤维芯部逐步暴露出来，纤维芯部含有—COONa基团，但—COONa基团在整个分子链中所占的比重较小，因此导致这种水溶型止血材料仅仅能够表现出部分水溶的特性，其一部分会发生溶解，另一部分非水溶的部分发生溶胀，所以最终材料会形成凝胶，堵塞血管末端止血。

正是止血材料纤维的特殊结构赋予了该材料一系列特性。而止血材料纤维的特殊结构是由氧化再生纤维素羧酸钠织物与盐酸发生梯度酸化反应制得的。因此需要先向审查员详细解释本发明是可以形成梯度酸化的，进而说明酸化过程与止血过程不是前后矛盾的。

根据审查意见，笔者首先对氧化再生纤维素羧酸钠与盐酸反应是否能进行梯度酸化进行解释说明：氧化再生纤维素羧酸钠织物是由氧化再生纤维素羧酸钠纤维单丝织成。纤维单丝在微观上是一种皮芯结构，即：纤维的表面区（皮）和纤维的内部（芯）。并详细介绍了氧化再生纤维素羧酸钠的微观制备过程（此处省略），该微观制备过程导致了—COONa基团在氧化再生纤维素羧酸钠纤维表面区域的含量要高于它在纤维内部区域的含量，即—COONa 在纤维表面区域分布较为密集，纤维内部区域的—COONa 含量较少。为了加以证明，还通过 SEM – EDX 技术，对氧化再生纤维素羧酸钠纤维单丝中钠（Na）元素含量沿径向的分布情况进行了测试，结果如图 1 所示。

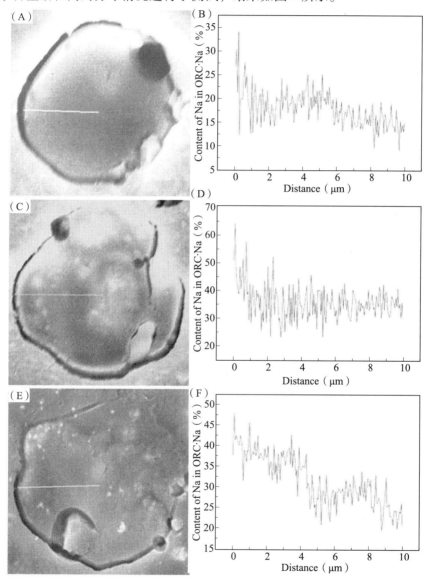

图 1　SEM—EDX 扫描原料纤维单丝中的钠元素分布

图 1 中的（A）、（C）、（E）为纤维单丝，（B）、（D）、（F）为 Na 元素分

布曲线。由图 1 可见，沿着原材料纤维的径向（由纤维表面到中心），钠元素的含量分布基本遵照一个逐渐降低的趋势，由此说明纤维分子结构中的—COONa的分布情况也遵循同样的趋势（如图 1 中（B）所示），即表面含量多，内部含量少。

因此，当氧化再生纤维素羧酸钠中的—COONa 与 HCl 进行反应时，H^+ 会与—COO^- 结合生成—COOH 结构，这个反应也必然会经历由纤维表面区域逐渐深入到纤维内部的过程。因此，最终导致了—COOH 在纤维表面区域分布较为密集。反之，纤维内部区域的—COOH 含量较少，从而使官能团在纤维中呈现梯度分布趋势。

另外，在反应过程中，HCl 不但可以与—COONa 基团进行反应生成—COOH，并且 HCl 还起到稳定剂的作用，氧化再生纤维素羧酸钠加入到盐酸中后，HCl 会迅速与—COONa 进行反应而生成—COOH，随着—COONa 数量的降低，材料的水溶性也会变得越来越差。另外，大分子的溶解过程包括两个步骤：先溶胀，再溶解。在与盐酸反应时，由于纤维芯部带有—COONa 基团的分子链被外层的非水溶的大分子链包裹，限制了其分子链的溶胀，纤维内部没有被酸化的—COONa 基团也不会出现溶解现象，也就是不会出现均相的溶液反应，进而最终实现梯度酸化。

酸化过程和止血过程并不是前后矛盾的：在止血过程中，止血材料会接触到血液，且人体的血液呈弱碱性（pH = 7.4），同时含有—COOH 的氧化再生纤维素类材料对碱性环境非常敏感，所以在血液的弱碱性作用下，本发明止血材料的表面层逐渐溶胀、溶解，使纤维芯部逐步暴露出来，由此导致纤维芯部越来越多的—COONa 基团与血液相接触。—COONa 属于水溶性官能团，因此赋予了材料本身一定的水溶性，但是由于—COONa 基团的体积较小，而材料本身的分子链较大，所以水溶性官能团（—COONa）在整个分子链中所占的比重较小，因此导致这种水溶型止血材料仅仅能够表现出部分水溶的特性，即：含有—COONa 基团的部分可以在遇到水或盐溶液时发生溶解，而不含有—COONa 基团的部分并不发生溶解。因此，本发明止血材料在遇到水、盐溶液或血液材料的时候，其一部分会发生溶解，另一部分非水溶的部分发生溶胀，所以最终材料会形成凝胶，堵塞血管末端止血，并非形成完全的透明溶液（即不能形成均相的溶液体系）。由此说明酸化过程与止血过程并不矛盾。

第二次审查意见答复是应审查员的要求重新提交了答复第一次审查意见通知书时用到的附图。

第三次审查意见是审查员认为权利要求 1 概括了较宽的保护范围，依据本申请说明书所记载的内容，本领域技术人员无法预见官能团浓度不是呈梯度分布的水溶型止血材料也能解决所述的技术问题，并达到相同或相似的技术效果。因此将"水溶型止血材料中的羧酸官能团浓度呈现梯度分布，羧酸钠官能团的含量由表及里逐渐升高，而羧酸官能团的含量由表及里逐渐降低"的相关技术内容，补入到权利要求 1 中，最终得到了审查员的认可，获得了专利权。

三、心得体会

在答复公开不充分的审查意见时，要对审查意见中提出的具体问题进行分析，找出其产生疑问的原因。

在本案中，审查员认为氧化再生纤维素羧酸钠织物由于具有羧酸钠官能团，接触水会溶解形成溶液。针对这一观点进行分析，本发明的止血材料是由氧化再生纤维素羧酸钠织物和盐酸制备而成，具体是将织物缠绕在回转反应器的玻璃芯上，再加入盐酸密闭酸化，冷冻干燥后获得止血材料。根据本申请说明书附图 4 所示，本发明制备的止血材料仍旧为织物状，与盐酸反应过程本身并没有改变织物的外形，只是赋予了织物独特的性能。至此，再回头看审查员的理解，氧化再生纤维素羧酸钠织物会在制备的过程中溶解形成溶液，那么得到的将会是不成型的物质。因此，很明显审查员是没有理解本发明的技术方案，而并不是由于本发明缺少某些重要内容而导致不清楚或无法实现。

确定了审查员提出本发明不符合《专利法》第 26 条第 3 款的原因，之后就是如何解除审查员心中的疑问。这就要做到在答复审查意见通知书时逻辑清晰、有理有据，让审查员充分地理解本发明。

通过举证的方式答复
公开不充分的审查意见

黄　亮

【摘　要】

　　以发明专利申请"一种利用纤维素生产氢气的方法"为例，解析说明书公开不充分的答复方法：首先，参照原始申请文件记载内容分析审查意见正确与否；其次，分析审查意见指出的"说明书公开不充分内容"是否属于本领域公知常识；最后，分析审查员是否处于"所属技术领域的技术人员"角度发出审查意见通知书；说明书公开不充分最终导致的结果是"所属技术领域的技术人员"不能够实施，采用举证的方式论述该专利能够实施是最有效、最直接的手段，当审查意见出现偏差时，只有通过举证的方法，利用证明文件纠正审查员的观点，弥补审查员未能掌握的相关信息，让审查员处于"所属技术领域的技术人员"的角度，正确地理解本发明中"公开不充分的内容"，最终得到审查员的认可。

【关键词】

　　证明文件　　所属技术领域的技术人员　　公开不充分　　能够实施

一、案件概述

申请号：201110253537.5。
发明创造名称：一种利用纤维素生产氢气的方法。

二、案件详述

（1）情况概述：审查意见认为说明书不符合《专利法》第 26 条第 3 款的规定，即：说明书公开不充分。

（2）原始文件撰写要点：一种利用纤维素生产氢气的方法，该发明提供利用纤维素生产氢气的方法，该方法通过绿色木霉的粗酶液对预处理后的纤维素进行水解糖化，得到纤维素糖化液，再利用热解糖厌氧芽孢杆菌 W16 对纤维素糖化液进行产氢处理，最终达到利用纤维素生产氢气的目的；虽然该方法采用了绿色木霉和热解糖厌氧芽孢杆菌 W16 两种菌株，由于这两种菌株均为现有存在的菌株，非发明人自己通过筛选得到的新菌株，因此申请时没有提交保藏证明。

（3）第一次审查意见：2012 年 11 月 29 日收到第一次审查意见通知书，该审查意见指出由于本申请没有提供绿色木霉的保藏证明和向公众发放该菌株的证明，以及没有给出热解糖厌氧芽孢杆菌 W16 公众获得该生物材料的途径和向公众发放该菌株的证明，认定本申请不符合《专利法》第 26 条第 3 款的规定，即说明书公开不充分。

（4）分析：说明书公开充分是指说明书应作出清楚、完整的说明，以"所属技术领域的技术人员"能够"实现"为准，审查员评价本申请说明书公开不充分，说明本申请说明书存在的问题是由于说明书没有作出清楚、完整的说明，因此"所属技术领域的技术人员"不能够实施。

根据审查员在审查意见中给出的结论"申请人并未在申请日前将绿色木霉，编号：3.2876 提交专利局认可的保藏单位进行保藏；如果该菌株属于某单位所有，也没有提供可以向公众发放该菌株的证明，即：由生物材料持有者提供的自申请日起 20 年内向公众发放该生物材料的证明；此外，说明书中也没有提供申请日之前获得上述菌株的其他途径。虽然说明书给出了编号和分类号，但是仅根据编号和分类号仍旧无法确定该菌株的时间和来源。因此，'绿色木霉，编号：3.2876'属于申请日前公众不能得到的生物材料。导致本领域技术人员根据说明书的记载无法具体实施本发明，说明书公开不充分"和"申请人并未在说明书中注明文献的出处，也未说明公众获得'热解糖厌氧芽孢杆菌 W16（*Thermoanaerobacterium thermosaccharolyticum* W16）'生物材料的途径，同时也没有提供保证从申请日起 20 年内向公众发放生物材料的证明。"

根据审查员论述本申请说明书关于"绿色木霉，编号：3.2876"存在的问题：①并未在申请日前将'绿色木霉，编号：3.2876'提交专利局认可的保藏单位进行保藏；②未提供的自申请日起 20 年内向公众发放该生物材料的证明。关于"热解糖厌氧芽孢杆菌 W16（*Thermoanaerobacterium thermosaccharo-lyticum* W16）"存在的问题：①未在说明书中注明文献（记载热解糖厌氧芽孢杆菌 W16（*Thermoanaerobacterium thermosaccharolyticum* W16）的文献）的出处；②没有提供保证从申请日起 20 年内向公众发放生物材料的证明。

对于"绿色木霉，编号：3.2876"和"热解糖厌氧芽孢杆菌 W16（*Thermoanaerobacterium thermosaccharolyticum* W16）"的第②个问题很好解决，因为本申请的申请人也是该生物材料的持有者，只需要申请人提供文件，说明保证 20 年内向公众发放"绿色木霉，编号：3.2876"和"热解糖厌氧芽孢杆菌 W16（*Thermoanaerobacterium thermosaccharolyticum* W16）"两种生物材料即可。

主要问题在于如何解决"并未在申请日前将'绿色木霉，编号：3.2876'提交专利局认可的保藏单位进行保藏"和"未在说明书中注明文献（记载热解糖厌氧芽孢杆菌 W16（*Thermoanaerobacterium thermosaccharolyticum* W16）的文献）的出处"。

依据说明书具体实施方式二十记载的"步骤五中所述的产氢菌为热解糖厌氧芽孢杆菌 W16（*Thermoanaerobacterium thermosaccharolyticum* W16），*Thermoanaerobacterium thermosaccharolyticum* W16 在 2008 年第 33 期第 6124 - 6132 页的《*International Journal of Hydrogen Energy*》中刊登的名称为"Dark fermentation of xylose and glucose mix using isolated *Thermoanaerobacterium thermosaccharolyticum* W16"的文章中公开"，通过上述信息可知：本申请涉及的热解糖厌氧芽孢杆菌 W16（*Thermoanaerobacterium thermosaccharolyticum* W16）在文章"Dark fermentation of xylose and glucose mix using isolated *Thermoanaerobacterium thermosaccharolyticum* W16"已经公开，该文章记录在 2008 年第 33 期第 6124 - 6132 页的《*International Journal of Hydrogen Energy*》期刊中，因此审查意见给出结论"未在说明书中注明文献（记载热解糖厌氧芽孢杆菌 W16（*Thermoanaerobacterium thermosaccharolyticum* W16）的文献）的出处"是错误的，根据说明书具体实施方式二十记载的内容就可以反驳审查员。

因此现在的最后一个问题为"并未在申请日前将'绿色木霉，编号：3.2876'提交专利局认可的保藏单位进行保藏"。在"交专利局认可的保藏单位进行保藏"的前提条件是：该菌株是新菌株，所谓新菌株是指，经申请人自己筛选分类得到的现有不存在的菌株；如果能证明本申请涉及的"绿色木霉，编号：3.2876"并非是新菌株，即在并非自己筛选分类得到的，该菌株在申请日之前就在其他文献中已经公开过，则不需要提供该菌株的保藏证明。

（5）基于上述分析，与发明人进行沟通，要求发明人提供"绿色木霉，编号：3.2876"和"热解糖厌氧芽孢杆菌 W16（*Thermoanaerobacterium thermosaccharolyticum* W16）"20 年内向公众发放生物材料的证明，提供"绿色木霉，编号：3.2876"在申请日之前就在其他文献中已经公开过的相关证明材料，发明人同意提供"绿色木霉，编号：3.2876"和"热解糖厌氧芽孢杆菌 W16（*Thermoanaerobacterium thermosaccharolyticum* W16）"20 年内向公众发放生物材料的证明，但是发明人无法提供"绿色木霉，编号：3.2876"在申请日之前就在其他文献中已经公开过的相关证明材料，因此询问发明人该生物材料的来源，发明人告知该生物材料由神州天辰科技实业有限公司空间研发中心赠予的，且可以提供菌种购买证明，虽然发明人不能提供申请日之前就在其他文献中已经公开过的相关证明材料，但是发明人提供了"绿色木霉，编号：3.2876"的来源及购买时间，因此确定该证明材料可以作为直接证明"绿色木霉，编号：3.2876"为非是新菌株的证据。

综上所述，可以提供菌种购买证明，证实"绿色木霉，编号：3.2876"是现有生物材料；"热解糖厌氧芽孢杆菌 W16（*Thermoanaerobacterium thermosaccharolyticum* W16）"在说明书中明确给出该生物材料的获得途径，且申请人同意提供上述两种菌株从申请日起 20 年内向公众发放生物材料的证明，因此将相关证明材料及意见陈述提供给审查员。

最终，本发明经过一次答复后被授权。

三、感想与心得

当专利申请中涉及菌株时，一定要确定菌株是否为新菌株，如果不是新菌株，在专利申请中要记载菌株的获得途径，并且让发明人确定专利申请中涉及菌株的名称准确无误，当存在菌株的获得途径及提供生物材料发放证明情况下，审查员就会认可该菌株可以被公众获得，及该菌株符合《专利法》第 26 条第 3 款的规定。

当审查员评价专利申请中不符合《专利法》第 26 条第 3 款的规定，即说明书公开不充分时，其原因是说明书对发明没有作出清楚、完整的说明，导致所属技术领域的技术人员不能够实施，因此要认真分析所谓"所属技术领域的技术人员"是否能够实施，要认真分析审查员是不是处于"所属技术领域的技术人员"给出的结论，审查员作为一个自然人，可能达不到"所属技术领域的技术人员"可以"知晓发明所属技术领域所有的现有技术"的程度，因此存在误判，认为说明书公开不充分，通过证明文件来证明说明书公开充分是最有效和最直接的手段，当提供的证明文件得到审查员认可时，由于提供的证明文件弥补审查员未能掌握的相关信息，达到"所属技术领域的技术人员"能够"实现"的目的，便能成功反驳审查意见给出的说明书公开不充分的结论。

记载有实现基本发明目的
技术方案的说明书是公开充分的

杨立超

【摘　要】

　　本文主要叙述针对发明申请"可自然通风及调节天然采光的降噪窗"公开不充分审查意见的答复过程，并得出答复要点：审查员指出的所属技术领域的技术人员无法实现的技术手段是对发明进一步限定的技术手段，所属技术领域的技术人员在不需要了解这方面的内容也能实现发明的基础技术方案，实现其基本发明目的，因此，说明书是公开充分的。换言之，说明书清楚、完整的说明程度足以使所属技术领域的技术人员能够实现发明的基本目的，达到相应技术效果。

【关键词】

　　基本发明目的　基本技术方案　公开不充分

一、概　述

　　申请号：200910008567.2。

　　发明名称：可自然通风及调节天然采光的降噪窗。

　　（1）本发明申请的说明书中记载了一种可自然通风及调节天然采光的降噪窗，所述的可自然通风及调节天然采光的降噪窗包含两层窗玻璃1、其中位于室内侧的窗玻璃1上设有室内通风口2，位于室外侧的窗玻璃1上设有室外通风口3，所述室内通风口2和室外通风口3相错设置，在两层窗玻璃1之间形成一个曲线形通风槽道4。本发明的目的是提供一种适宜自然通风、采光并且降低噪声的新型窗户系统。

　　本发明的说明书还进一步记载通过数字交错式（即经过数字计算得出的各种最佳交错组合方式）的玻璃层形成通风槽道，并在通风槽道内加入微穿孔吸声体来降低噪声。此系统采用非纤维材料且表面光滑，有利于人体健康和通风。

（2）审查员的第一次审查意见：审查员认为本发明申请的说明书第［0003］段记载的"数字交错式"以及对"数字交错式"的解释没有给出明确的具体技术手段，所属技术领域的技术人员无法实现。发明申请说明书公开不充分，不符合《专利法》第 26 条第 3 款的规定。

二、答复思路

笔者经认真研读审查意见，审查员指出的上述问题确实存在，第［0003］段记载的"通过数字交错式（即经过数字计算得出的各种最佳交错组合方式）的玻璃层形成通风槽道"确实是不清楚的，发明人也认为是不清楚的，很难答复，打算放弃答辩。后来笔者通过对《专利法》第 26 条第 3 款深入解读，再结合本发明申请的技术事实，笔者理出答复思路如下：审查员指出的所属技术领域的技术人员无法实现的技术手段其实是对本发明基本技术方案进一步限定的技术手段。换言之，说明书第［0003］段记载的"数字交错式"是指采用有限元法及计算流体力学的数值模拟得出的具有最佳降噪效果的降噪窗的各种具体数值的组合，这是申请人在实现基本发明目的的技术方案基础上的进一步限定。尽管说明书的第［0003］段记载的"数字交错式"以及对"数字交错式"的解释没有给出明确的具体技术手段，但是这并不影响本发明的基本发明目的"现有的窗户通风时常会引起噪声，而紧闭时通风和采光不好的问题"的实现，因为说明书附图 1 及相应的文字记载已清楚地表述了如下基本技术方案："一种可自然通风及调节天然采光的降噪窗包含两层窗玻璃 1、其中位于室内侧的窗玻璃 1 上设有室内通风口 2，位于室外侧的窗玻璃 1 上设有室外通风口 3，所述室内通风口 2 和室外通风口 3 相错设置，这样在两层窗玻璃 1 之间形成一个曲折的通风槽道 4。"事实上，说明书第［0003］段记载的"数字交错式"以及对"数字交错式"的解释是申请人试图对上述基本技术方案的进一步限定，以达到发明效果最优。通过前面分析可看出，说明书记载的基本技术方案已达到了实现基本发明目的。最后，审查员同意代理人的上述主张。

三、申请人的主要答复意见

申请人认为本发明申请的说明书符合《专利法》第 26 条第 3 款的规定，

所属技术领域的技术人员采用本说明书中给出的技术手段能够解决本发明所述的技术问题。根据说明书附图以及与附图对应的说明书中的第［0003］ ～［0010］段记载的技术方案，所属技术领域的技术人员根据说明书中的记载，能实施本发明，而且能够达到本发明所声称的"在通风和采光时大大降低噪声污染"的技术效果、解决本发明所要解决的技术问题，其理由如下。

（一）从整体上看，本发明申请的说明书对发明已作出了清楚的说明

1. 主题明确

本发明申请的说明书已经写明了发明所要解决的技术问题：正如审查员所指出的，本发明要解决的技术问题是：现有的窗户通风时常会引起噪声，而紧闭时通风和采光不好的问题，也就是说，现有的窗户无法兼顾通风、采光与通风、采光引起的噪声问题，参见说明书第［0003］段。

作为说明书重要部分的说明书附图，是最能准确表达技术方案的工程技术语言，通过说明书附图及附图中的必要的文字说明，再结合说明书相应的文字记载（参见说明书附图1～4和说明书第［0003］ ～ ［0011］段），本发明申请的说明书已经清楚地记载解决上述技术问题所采用的基本技术方案以及更优选的技术方案。

结合说明书附图1和说明书第［0003］ ～ ［0006］段及第［0011］段记载来看可唯一地确定，本发明申请的说明书记载的一种可自然通风及调节天然采光的降噪窗包含两层窗玻璃1、其中位于室内侧的窗玻璃1上设有室内通风口2，位于室外侧的窗玻璃1上设有室外通风口3，所述室内通风口2和室外通风口3相错设置，这样在两层窗玻璃1之间形成一个曲折的（或曲线形）通风槽道4。

说明书附图2和说明书第［0007］段对上述图1所示技术方案作了进一步的限定，在所述通风槽道4中设置有透明微穿孔板/膜5，以降低噪声、调节采光及通风。

说明书附图3和说明书第［0008］段对上述图1所示技术方案作了进一步的限定，在所述通风槽道4中设置消声百叶片6，以降低噪声、调节采光及通风。

说明书附图4和说明书第［0009］段对上述图1所示技术方案作了进一步的限定，在形成所述通风槽道4的两层窗玻璃1的两侧各设置一个消声罩7。这样在两层窗玻璃1以及两层窗玻璃1两侧的消声罩7之间形成一个更曲折的消声弯道8，进而更好地降低噪声，提高调节通风。

说明书中对照现有技术已写明了上述技术方案产生的"在采光及通风时

能有效降低噪声"的有益效果。而且通过在两层窗玻璃 1 上设置相错的通风口，这样在两层窗玻璃 1 之间形成一个曲折的通风槽道 4，延长了噪声的传播路径，当打开窗户中的相错设置的通风口进行通风时，即：当室外和室内的空气进行交换时，以空气为媒介传播的噪声在曲线形通风槽道 4 进行传播，由于通风路径的延长和路径方向的转换，这样必然削弱从室外（或室内）传入室内（或室外）的噪声。

因此，上述技术问题、技术方案和有益效果相互适应，并没有出现相互矛盾或不相关联的情形。因此发明要求保护的主题"可自然通风及调节天然采光的降噪窗"是明确的。

2. 说明书从整体来看，其表述是准确的

说明书第［0003］段记载的"数字交错式"是指采用有限元法及计算流体力学的数值模拟得出的具有最佳降噪效果的降噪窗的各种具体数值的组合，这是申请人在实现其基本发明目的的技术方案基础上的进一步限定。通过前面的描述可知，本发明已经清楚记载实现基本发明目的的基本技术方案。因此说，说明书第［0003］段记载的"数字交错式"以及对"数字交错式"的解释没有给出明确的具体技术手段，并不能导致所属技术领域的技术人员不能清楚、正确理解本发明的。

（二）本发明申请的说明书对发明已作出了完整的说明

本发明申请的说明书已记载了有关理解、实现发明的全部技术内容。本发明申请的说明书对发明已作出了完整的说明。

（三）所属领域的技术人员按照本说明书记载的内容，能够实现本发明的技术方案，解决其技术问题，并且产生预期的技术效果

上述基本的技术方案中所有技术手段是清楚的、确切的。通过上述（一）、（二）点的分析可得出，本发明申请对发明的清楚、完整的说明程度足以达到使所属技术领域的技术人员能够实现的程度。

综上所述，本发明申请的说明书符合《专利法》第 26 条第 3 款的规定。

四、感想和心得

审查员指出的所属技术领域的技术人员无法实现的技术手段是对本发明进一步限定的技术手段，所属技术领域的技术人员在不需要了解这方面的内容也能实现本专利申请的基础技术方案，实现基本发明目的。专利代理人应深入理

解《专利法》第 26 条第 3 款中清楚、完整、能够实现三要素之间的关系。清楚、完整是前提，能够实现是目的，能够实现是指基本技术方案能够实现发明目的，达到相应技术效果。专利代理人应对《专利法》及《专利法实施细则》有深入的解读和理解并能灵活运用，在进行发明实质问题答复时，专利代理人一定要全面了解发明申请的技术方案，只有这样才能极大提高发明实质问题答复的通过率。

不能把产品的成品率低等同于不具有再现性

贾珊珊

【摘　要】

本文通过深入研究审查意见提出的有关《专利法》第22条第4款规定的实用性及《专利法》第26条第3款规定的说明书应当对发明作出清楚、完整的说明，以所属技术领域的技术人员能够实现为准的问题，专利代理人以"产品的成品率低不等同于不具有再现性"为论点来充分论证本申请并不存在审查意见所述的实用性问题，同时通过本申请的方法可以重复获得细胞系 ICPA–1 和 ICPA–2，也就无需对生物材料进行保藏，不存在公开不充分问题。

【关键词】

成品率低　再现性

一、概　述

申请号：201210420889. X。

发明名称：一种建立鸡永生化前脂肪细胞的方法。

审查意见认为，本申请请求保护的是一种建立鸡永生化前脂肪细胞的方法，认为逆转录病毒感染后，插入位点任意，逆转录病毒的随机插入可能破坏靶细胞的抑癌基因或激活原癌基因的问题，不能重复获得完全的永生化前脂肪细胞系 ICPA–1 和 ICPA–2，因此，不符合《专利法》第22条第4款规定的实用性；同时由于未对生物材料进行保藏，因此，导致本领域技术人员无法获得所述的永生化前脂肪细胞系 ICPA–1 和 ICPA–2，因此公开不充分，不符合《专利法》第26条第3款的规定。

二、答复要点

本发明的核心是要求保护一种建立鸡永生化前脂肪细胞的方法，关键是利用鸡的 *chTERT* 基因和 *chTR* 基因激活鸡前脂肪细胞的端粒酶活性，从而使鸡前脂肪细胞获得永生性，*chTERT* 和 *chTR* 的确是随机整合到染色体中的，本发明认为只要外源基因 *chTERT* 和 *chTR* 能够在细胞中高效稳定的表达，就可以获得永生化的鸡前脂肪细胞，而外源基因的随机整合并不影响获得永生化的鸡前脂肪细胞系。

虽然在本发明有可能会出现审查意见所指出的转录和整合过程中插入位点失误的情况，但是这种情况即是《专利审查指南 2010》所规定的成品率低的问题，大多数情况下会正常完成 *chTERT* 和 *chTR* 在细胞中的表达，所以本发明具有再现性，并不存在不确定的随机因素导致不能重复获得相同的细胞系，因此是具备实用性的。而本发明所要求保护的方法，已经公开充分，并且不是要求保护特定的细胞系 ICPA – 1 和 ICPA – 2。ICPA – 1 和 ICPA – 2 所代表的两类永生化前脂肪细胞，这两个细胞系是申请人随机命名的。因此，没有必要保藏这两个细胞系，所以说明书已对发明作出清楚、完整说明的程度，并使所属技术领域的技术人员能够实现。

三、答复意见

1. 本发明符合《专利审查指南 2010》关于再现性的规定

本发明的核心是要求保护一种建立鸡永生化前脂肪细胞的方法，该方法的基本原理：是将鸡的端粒酶逆转录酶基因（*chTERT*）单独或将其和端粒酶 RNA 基因（*chTR*）一同导入原代鸡前脂肪细胞，重建鸡前脂肪细胞的端粒酶活性，有活性的端粒酶能够延长和保护端粒，从而延长细胞的生命周期并获得永生化的鸡前脂肪细胞；本发明的关键是利用鸡的 *chTERT* 基因和 *chTR* 基因激活鸡前脂肪细胞的端粒酶活性，从而使鸡前脂肪细胞获得永生性。

从目前将外源基因整合到宿主细胞基因组并进行稳定表达的方法来看主要可以分为两大类：一是利用病毒（逆转录病毒、慢病毒）载体等；二是利用转染试剂、显微注射或电转化等方法将携带外源基因的真核表达载体（如 pcDNA3.1 等）导入，采用这些导入外源基因的方法，外源基因绝大多数是随机插入基因组的。事实上目前除了鼠和线虫细胞外，其他动物细胞的外源基因整合都是随机整合的。

本发明只是根据鸡细胞的特点选用了其中一种感染宿主范围广泛、基因表达效率高的泛嗜性逆转录病毒作为载体，将鸡的 *chTERT* 和 *chTR* 基因导入鸡前脂肪细胞。只要能够实现本发明的目的，即正确导入 *chTERT* 和 *chTR* 基因，并进行高效稳定的表达，激活细胞的端粒酶，就可以重复建立永生化鸡前脂肪细胞。

本发明建立的永生化细胞中，*chTERT* 和 *chTR* 的确是随机整合到染色体中的。为了方便区分发明人将通过单独导入 *chTERT* 基因的方法所建立的永生化鸡前脂肪细胞命名为 ICPA－1（Immortalized chick preadipocyte －1），将通过先后导入 *chTERT* 和 *chTR* 基因的方法所建立的永生化鸡前脂肪细胞命名为 ICPA－2（Immortalized chick preadipocyte －2），并且 ICPA－1 和 ICPA－2 只是代表两类永生化前脂肪细胞，并不是指特定遗传背景的细胞。本发明所要求保护的是建立鸡永生化细胞的方法，这里所说的鸡永生化细胞是一类细胞，细胞的遗传背景可以不同。尽管遗传背景不同，但是在生物学上仍然称它们为永生化前脂肪细胞。本发明认为只要外源基因 *chTERT* 和 *chTR* 能够在细胞中高效稳定的表达，就可以获得永生化的鸡前脂肪细胞。而外源基因的随机整合并不影响获得永生化的鸡前脂肪细胞系。本领域普通技术人员完全可以利用本发明的核心——导入 *chTERT* 和 *chTR* 基因，激活细胞的端粒酶活性，建立不同品种品系鸡的永生化鸡前脂肪细胞系，尽管这些细胞的遗传背景不同。

《专利审查指南2010》第二部分第五章第 3.2.1 节中指出："再现性，是指所属技术领域的技术人员，根据公开的技术内容，能够重复实施专利申请中为解决技术问题所采用的技术方案。这种重复实施不得依赖任何随机的因素，并且实施结果应该是相同的。但是……申请发明或者实用新型专利的产品的成品率低与不具有再现性是有本质区别的。前者是能够重复实施，只是由于实施过程中未能确保某些技术条件（例如环境洁净度、温度等）而导致成品率低……"

关于审查意见提出的逆转录病毒的随机插入可能破坏靶细胞的抑癌基因或激活原癌基因的问题，发明人认为：确实存在这种可能性。但在细胞的筛选和鉴定中需要进行生物学鉴定、锚定不依赖性生长实验、细胞的倍型分析等，以排除细胞存在致瘤的可能性。

综上所述，本发明的技术方案具备再现性，是符合《专利法》第22条第4款的实用性的。

2. 本发明属于不需要保藏的情况

本发明所提到的 ICPA－1 和 ICPA－2 只是代表两类永生化前脂肪细胞，

一种是用 *chTERT* 建立的，另一种是用 *chTERT* 和 *chTR* 建立，并不是指特定遗传背景的细胞。本领域普通技术人员利用本发明能够建立不同品种品系鸡永生化细胞，这里所说的鸡永生化细胞是一类细胞，细胞的遗传背景可以不同。本发明要求保护的是建立鸡永生化细胞的方法。并且，利用本发明所建立的永生化细胞方法是可重复的，使用本发明能够获得不同品种品系鸡永生化前脂肪细胞，但是这些细胞的背景可以不同。事实上，任意一个动物群体中，不同个体细胞的遗传背景也是不完全相同的，即使定点整合，也难以获得完全相同的永生化细胞，除非都用同一只鸡。在本发明中利用逆转录病毒感染鸡前脂肪细胞群体，不同细胞之间外源基因的整合位点都是不同的，但是外源基因的随机整合并不影响它们成为永生化的鸡前脂肪细胞。其他人利用本发明所重复建立的鸡永生化前脂肪细胞系，也将是外源基因整合位点不同但都获得了永生性的鸡前脂肪细胞杂合群体，不存在无法重复的问题。

本发明虽然是目前世界上首次应用鸡的端粒酶技术建立鸡永生化前脂肪细胞的方法，但是它符合技术上的常识，因而具有再现性。

《专利审查指南 2010》第二部分第十章第 9.2.1 节中规定："通常情况下，说明书应当通过文字记载充分公开申请专利保护的发明。在生物技术这一特定的领域中，有时由于文字记载很难描述生物材料的具体特征，即使有了这些描述也得不到生物材料本身，所属技术领域的技术人员仍然不能实施发明。在这种情况下，为了满足专利法第二十六条第三款的要求，应按规定将所涉及的生物材料到国家知识产权局认可的保藏单位进行保藏。"

从上述内容可以看出，如果能够通过文字记载充分公开申请内容，是不需要保藏生物材料的。

审查员认可了专利代理人的意见，同意授予本发明专利权。

四、心 得

当专利代理人在接到此类审查意见时，首先不要盲目地答复审查意见，而是要认真研读审查意见所提出的问题，深入分析审查意见所提出的问题是否是本申请所存在的问题；其次，根据问题深入研读申请文件，如果本申请并不存在所述问题，应该充分查找证据进行论证；最后，对《专利法》及《专利审查指南 2010》的解读对于答复此类问题是至关重要的，如本申请来说，其有可能会出现审查意见所指出的转录和整合过程中插入位点失误的情况，但是这种情况即是《专利审查指南 2010》所指出的成品率低的问题，大多数情况下会正常完成 *chTERT* 和 *chTR* 在细胞中的表达，所以本发明具有有再现性。

　　由此可知，在对审查意见进行答复时，对于审查意见提出的问题也要持怀疑的态度，要做到客观切不可主观盲目地答复，同时对于申请文件的分析与相关法条的研读缺一不可，三者相辅相成。

全面深入地分析证据在答复公开不充分审查意见中的作用

侯 静

【摘 要】

在公开不充分的审查意见中，经常会出现某材料不能得到确认或无法获得，进而导致所属技术领域的技术人员无法实施所述的方法，导致说明书公开不充分。这种情况在进行答复时，往往会提供证据加以证明。然而对于发明人给出的证明材料不能只是简单地提交，而要对证明材料作出全面、深入的分析，以解决审查员提出的问题。

【关键词】

证据 不确定 无法实现 表达载体

一、案例概述

申请号：201110327510.6。

发明名称：产脂肪酶基因工程菌株及其构建方法。

本发明请求保护一种产脂肪酶基因工程菌株及其构建方法。该构建方法中涉及了发明必不可少的生物材料——表达载体 pGAPHαM，而说明书中并未记载该载体的来源或其结构组成，即表达载体 pGAPHαM 本身是含糊不清的，不能得到确认，本领域技术人员也不知如何获得所述表达载体，因此导致所述领域技术人员根据说明书的记载无法实施所述构建方法，进而无法获得所述的基因工程菌株。不符合《专利法》第 26 条第 3 款的规定。笔者进行了两次答复，最终通过，获得专利权。

二、答复过程

答复这类问题的方法最好是提供证据，证明表达载体 pGAPHαM 可以通过购买或常规方法制备获得。笔者经过与发明人沟通，得知表达载体pGAPHαM无法通过商业途径购买得到，发明人只能够找到一篇申请日前的非专利文献作为证据。该证据为一篇硕士学位论文——《里氏木霉xyn–2基因在毕赤酵母中的表达及应用研究》。该论文中关于表达载体pGAPHαM的描述为：按照酵母偏爱密码，对毕赤酵母表达载体pPIC9上的α–Factor进行优化改造，以期进一步提高信号肽的分泌效率，载体命名为pT–αM。*Bam*HⅠ、*Xol*Ⅰ双酶切pGAPHα。*Bgl*Ⅱ、*Xol*Ⅰ双酶切pT–αM，分别回收约8000bp和300bp的片段，连接、转化大肠杆菌，构建中间表达载体pGAPHαM。

表面上看来，该证据足以证明表达载体pGAPHαM可以在申请日前获得。然而笔者并没有直接将该证据进行提交，而是对具体的内容进行了全面、深入的分析。根据掌握的本领域的知识，笔者发现，证明材料的表达载体pGAPHαM的制备方法中提到了较为陌生的载体——毕赤酵母表达载体pPIC9、pGAPHα。经过询问发明人，得知毕赤酵母表达载体pPIC9是可以经过商业途径购买得到的，而其中的pGAPHα是无法购买得到的。应笔者的要求，发明人又提供了一篇能够证明pGAPHα载体可以在申请日前获得的文章《新型毕赤酵母分泌表达载体的构建与功能验证》（宋庆凤，暴立娟，李杰，东北农业大学学报，2009年7月第40卷第7期）中，公开了pGAPHα载体的构建方法。

至此，将证据1和证据2相结合，才能够充分地证明本领域技术人员可以在申请日之前获得表达载体pGAPHαM，也可以实施本发明的构建方法进而获得产脂肪酶基因工程菌株，因此本申请的说明书公开充分，符合《专利法》第26条第3款的规定。

审查员接受了笔者对第一次审查意见通知书的答复内容，在第二次审查意见通知书中又提出了一些形式问题，经答复通过后，授予了专利权。

三、心得体会

说明书中提及的某材料不能得到确认或无法获得，进而导致所属技术领域的技术人员无法实施所述的方法，而导致说明书公开不充分，是发明不符合《专利法》第26条第3款时较常遇到的情形，尤其是基因工程领域的发明，经常涉及一些复杂的载体。对这种情况进行答复时，往往会提供证据加以证明。然而对于发明人给出的证明材料不能只是简单地提交，而要对证明材料作出全面、深入的分析，以做到能够充分的证明。

若本案中笔者只是将发明人最初提供的证据进行简单的提交，则一定会再次回来一次有关证明 pGAPHα 载体的审查意见，要求对证据中不清楚的地方再次进行说明，就会增加答复的次数，增加了发明人的费用的同时，更延长了本发明的授权时间。

第三部分

所有权利要求都不符合《专利法》第 2 条第 2 款并无授权前景的案例

答复所有权利要求都不符合《专利法》第2条第2款方法的概述

张宏威

【摘　要】

实质审查程序中，权利要求所要求保护的技术方案是否属于《专利法》第 2 条第 2 款所规定的保护客体，是最先审查的内容。而在《专利审查指南 2010》以及《中国专利法详解》中，对于该法条的解释内容却很少，导致一些专利代理人在遇到有关该法条的审查意见时，有种无从下手的感觉。本部分通过三个案例介绍了三种针对有关该法条审查意见的答复思路。

【关键词】

专利保护客体　沟通　举证

一、序　言

《专利法》第 2 条第 2 款规定：发明，是指对产品、方法或者其改进所提出的新的技术方案。

根据《专利审查指南 2010》第二部分第一章第 2 节对该条款的解释为："……这是对可申请专利保护的发明客体的一般性定义，不是判断新颖性、创造性的具体审查标准。"

笔者认为，根据上述《专利审查指南 2010》中对该法条的解释能够解读出：（1）该法条是一件专利申请所要求保护的技术方案所必须满足的、最基础的条件，也就是审查员在审查专利申请的过程中最优先审查的内容。（2）审查员在发出该类审查意见通知书的时候，不需要做检索。

正是由于发出该类审查意见通知书不需要做检索的，导致部分该类审查意见是由于审查员对专利申请所涉及的技术领域不熟悉而发出的（本部分的

《通过举证推定法答复不符合〈专利法〉第 2 条第 2 款的审查意见》属于这种情况）。另外，根据专利法的规定，在发明专利申请的实质审查过程中，是必须要对专利申请所要求保护的技术方案的新颖性和创造性进行审查的，而对新颖性和创造性的审查是必须在进行了检索的前提下才能够继续的，因此，针对第一次审查意见通知书涉及《专利法》第 2 条第 2 款的情况，往往是在答复通过之后，又会接到关于新颖性和创造性的审查意见。针对该种情况，如果能够在答复该类审查意见的过程中，兼顾新颖性和创造性的相关论述，是缩短审查周期的有效的办法（本部分的《通过举证推定法答复不符合〈专利法〉第 2 条第 2 款的审查意见》就采取了该种答复方式）。

从 2013 年开始，国家知识产权局加强了在专利审查过程中的检索工作，即，在实质审查中要先对专利申请文件进行检索，因此 2013 年之后接到绝大部分第一次审查意见通知书都是在做过检索之后发出的，这也避免了由于审查员对技术方案不熟悉而发出的涉及《专利法》第 2 条第 2 款的审查意见，进而减少发出该类审查意见通知书的数量。

二、《专利审查指南 2010》对《专利法》第 2 条第 2 款的解释

《专利审查指南 2010》中对《专利法》第 2 条第 2 款的相关解释很少，仅有两小段的内容："技术方案是对要解决的技术问题所采取的利用了自然规律的技术手段的集合。技术手段通常是由技术特征来体现的。""未采用技术手段解决技术问题，以获得符合自然规律的技术效果的方案，不属于专利法第二条第二款规定的客体。"

上述解释中对于"技术手段"的解释也是很模糊的。在《专利审查指南 2010》中对《专利法》第 25 条第 1 款第（2）项"智力活动的规则和方法"的解释中，也涉及《专利法》第 2 条第 2 款的解释，《专利审查指南 2010》中记载"智力活动，是指人的思维运动，它源于人的思维，经过推理、分析和判断产生出抽象的结果，或者必须经过人的思维运动作为媒介，间接地作用于自然产生结果。智力活动的规则和方法是指导人们进行思维、表述、判断和记忆的规则和方法。由于其没有采用技术手段或者利用自然规律，也未解决技术问题和产生技术效果，因而不构成技术方案。它既不符合专利法第二条第二款的规定，又属于专利法第二十五条第一款第（二）项规定的情形。"

涉及《专利法》第 2 条第 2 款的审查意见一般都比较短，内容一般有两种：①采用三要素法给出审查意见，一般结论是：权利要求所解决的问题不是

技术问题、所采用的手段不是技术手段、获得的效果也不是技术效果。②根据智力活动规则的定义给出审查意见，一般结论是：权利要求记载的技术方案实质是根据认为制定的规则来实现的，不受自然规律的约束，因而未利用技术手段，获得的效果……也不是技术效果，因此不属于《专利法》第 2 条第 2 款规定的技术方案。

三、针对《专利法》第 2 条第 2 款的答复方法

由于《专利审查指南 2010》中对于《专利法》第 2 条第 2 款的解释不多，因此对于涉及该法条的审查意见的答复，专利代理人往往无从下手。本部分通过精选的三篇文章，分别介绍了三种答复该类审查意见的方法，希望通过本部分的介绍，能够对读者在答复《专利法》第 2 条第 2 款的审查意见的过程中有所帮助。

本部分的三篇文章所阐述的三种答复方法分别是：①技术三要素论证法；②根据"智力活动的规则和方法"的定义反推法；③举证类推法。

下面对结合三篇文章分别对上述三种答复方法进行简单介绍。

1. 技术三要素论证法

本方法适用于在原始申请文件在撰写时就已经在申请文件中明确了技术三要素的情况，尤其适用于工业控制技术领域的专利申请的答复。

接到该类审查意见的专利申请，一般在技术方案中均包含有数学方法，审查意见中往往将技术方案拆分，并将这些数学方法孤立出来认定为非专利保护客体。本部分的《如何采用技术三要素法答复不符合〈专利法〉第 2 条第 2 款的审查意见》就属于该种情况。

在《如何采用技术三要素法答复不符合〈专利法〉第 2 条第 2 款的审查意见》一文中，作者杨立超通过对审查意见的分析确定审查意见仅仅根据技术方中涉及数学方法的步骤八和步骤十作为了重点评述对象，即：将技术方案中的部分技术特征孤立出来进行评述，进而认定该案的所有权利要求均不属于专利保护客体。在答复过程中，该文作者采用技术三要素法依次论述专利所解决的技术问题、采用的技术手段和达到的技术效果进行阐述，并且在技术手段的阐述过程中，引导审查员从整体去理解技术方案，最终得到审查员的认可。

2. 根据"智力活动的规则和方法"的定义反推法

本方法适用于审查意见中明确指出权利要求所记载的技术方案属于智力活动规则的审查意见的答复。

《专利审查指南 2010》中关于《专利法》第 2 条第 2 款的解释中有"智力活动规则，既不符合专利法第二条第二款的规定，又属于专利法第二十五条第一款第（二）项规定的情形"。在《专利审查指南 2010》中给出了该种情形的判断方法为："（1）如果一项权利要求仅仅涉及智力活动的规则和方法，则不应当被授予专利权。""除了上述（1）所描述的情形之外，如果一项权利要求在对其进行限定的全部内容中既包含智力活动的规则和方法的内容，又包含技术特征，则该权利要求就整体而言并不是一种智力活动的规则和方法，不应当依据专利法第二十五条排除其获得专利权的可能性。"

笔者对该段的理解为：如果一项权利要求在对其进行限定的全部内容中既包含智力活动的规则和方法的内容，又包含技术特征，则该权利要求就整体而言并不是一种智力活动的规则和方法，应当符合《专利法》第 2 条第 2 款的规定。

因此，如果能够证明一个技术方案不是"智力活动规则"，则应当推定其符合《专利法》第 2 条第 2 款的规定。本章的《用"法律"解读"技术方案"是专利代理人的核心价值》就是采用了上述论述方法。

在《用"法律"解读技术方案是专利代理人的核心价值》一文中，作者刘士宝从"智力活动的规则和方法"的定义去剖析专利申请所记载的技术方案，进而辩驳专利申请所记载的"技术方案"并非是"智力活动的规则和方法"，进而证明其属于《专利法》第 2 条第 2 款规定的客体。

3. 举证类推法

本方法适用于审查员是在对技术方案理解有误的前提下发出的审查意见通知书的答复。

在审查员对技术方案理解有误的前提下，依据专利法对专利所要求保护的技术方案的判定就肯定会产生错误。针对该类审查意见，首要问题是让审查员正确理解专利申请所记载的技术方案，而"举证法"是最有效的一种解释手段。本章的《通过举证推定法答复不符合〈专利法〉第 2 条第 2 款的审查意见》就是采用了该种方法。

在《通过举证推定法答复不符合〈专利法〉第 2 条第 2 款的审查意见》一文中，作者张宏威采用举证法列举出本案所涉及的专利申请所属技术领域的多篇已授权专利文件，一方面协助审查员理解专利申请记载的技术方案，另一方面也证明了本案所属技术领域的技术方案均属于《专利法》第 2 条第 2 款规定的客体，进而推定本案也属于《专利法》第 2 条第 2 款规定的客体的结论。

四、小　结

在实际的专利代理实务中，针对《专利法》第 2 条第 2 款的审查意见不局限于上述三种方法，应当根据实际情况灵活运用。当然，在专利代理实务中，专利代理人在撰写申请文件的时候，首先应当对申请人提供的技术方案作出初步的、是否属于《专利法》第 2 条第 2 款所规定的客体的判断，当发现技术方案有可能不属于《专利法》第 2 条第 2 款所规定的客体时，应当在撰写的过程中与发明人沟通，请发明人尽量补充资料以弥补该缺陷，并在申请文件中充分明确技术方案的三要素。如果能够在撰写初期就注意防止出现不符合《专利法》第 2 条第 2 款的问题，则能够有效地避免该类审查意见通知书的发出。

如何采用技术三要素法答复不符合《专利法》第2条第2款的审查意见

杨立超

【摘　要】

　　本文通过对专利申请"一种燃气轮机的排序异常检测方法"的审查意见的答复过程的阐述，给出如何采用技术三要素法答复不符合《专利法》第2条第2款的有关算法发明申请的审查意见。答复这类审查意见，专利代理人一定要深入分析技术方案本身，在论述所限定的方案采用的手段是技术手段时，一定要结合被控工业对象或被测工业对象的本质特征或运行规律，论述所述手段是对反映被控对象或被测对象自身规律的物理参数的数学处理，进而得出算法技术方案的执行结果是对外部对象进行相应控制或处理，其所反映的是遵循自然规律的技术手段。

【关键词】

　　《专利法》第2条第2款　技术三要素　技术方案的执行结果

一、概　述

申请号：201110311581.7。

发明名称为：一种燃气轮机的排序异常检测方法。

案件实审过程：第一次审查意见通知书认为本申请所要求保护的技术方案不符合《专利法》第2条第2款的规定，进而没有授权前景。

意见陈述中的答复要点为：采用技术三要素法进行答复，要求保护的方案解决了技术问题、采用了技术手段、达到了技术效果。在针对一些算法方面的发明申请，在论述所限定的方案采用的手段是技术手段时，一定要结合被控工业对象或被测工业对象的本质特征或运行规律，论述所述手段是对反映被控对象或被测对象自身规律的物理参数的数学处理。

二、答复过程

（一）对审查意见的分析

审查意见认为本申请所要求保护的技术方案不符合《专利法》第 2 条第 2 款的主要依据是：认为权利要求的步骤八至步骤十指出的对经过数学处理后的数据进行排序后再找出异常数据点，对于异常数据点的判断属于人为规定，不符合自然规律。

发明人在看到上述审查意见内容之后，直接决定放弃答复。专利代理人经认真研读审查意见和申请文件，认为审查意见有些偏颇。退一步而言，尽管在步骤八和步骤十中提到了对处理后的数据的异常点进行排序并判断，有人为规定的因素，但就其整体技术方案而言，它并不是一种指导人们进行思维和判断的方法，而是一种能解决技术问题的技术方案。而且，对处理后的数据的异常点进行排序并判断是基于被控对象的动动规律或机理（自然属性）进行的。而且，专利代理人认为审查员将技术方案中的某一技术手段脱离其技术环境进行理解是孤立的、片面的。本发明方法的最终结果是对外部对象——燃气轮机进行相应控制或处理，绝对是技术方案。在做过上述认真的分析之后，专利代理人与发明人再次沟通，并给出了答复意见，给发明人以信心，进而获得发明人在技术上的配合。

（二）答复意见要点

采用技术三要素法进行答复，具体论述要点如下。

1. 本发明申请权利要求 1～3 所限定的方案解决的问题是技术问题

燃气轮机在实际运行中，需对机组的健康情况进行分析监测，对可能出现的各种异常情况进行分析检测，可避免或以便于及时处理燃气轮机的大型故障。目前所有燃气轮机厂商在轮机上都加装了较多的传感器以监测气轮机的工作状态。监测记录的数据信息（如燃机转速、进出口温度等），对轮机的运行保障具有重大的意义和使用价值。但传感器采集的数据信息量庞大，噪声也较多，数据质量不高。同时传感器的数量繁多，而一般预判断的分析强度都很大，对所有传感器的信息进行预识别的计算和分析负荷极大，分析效率很低，而且误判度会很高。从而，为了有效地根据监测数据对燃气轮机进行健康监测和故障预判，需要对燃气轮机海量的高度复杂的系统信息监测数据进行数据处理。正是基于此，本发明提出了要解决目前燃气轮机的传感器采集的数据信息量庞大、数据质量不高、传感器的分析效率低、误判度高的问题。从上面的分析可看出，本发明解决的问题是技术问题。换言之，本申请解决的问题是工业上或产业上的技术问题。

2. 本发明申请权利要求 1～3 所限定的方案采用的手段是技术手段

本发明结合燃气轮机对象的本质特征对从燃气轮机的监测软件中获取监测数据（海量的高度复杂的监测数据）利用数学手段进行技术处理，从而根据测得海量的高度复杂的监测数据有效地对燃气轮机进行健康监测和故障预判，然后对出现的各种异常情况进行分析检测，可避免或以便于及时处理燃机的大型故障。从本发明申请权利要求采用的手段来看，本发明提出的一种燃气轮机的排序异常检测方法通过对获取的燃气轮机运行中的实际物理参数（参见步骤一中的各个实际物理参数，这些实际物理参数反映了燃气轮机运行特性规律）采用数学手段进行处理，这些数学手段选择考虑了被测对象（燃气轮机）的本质特征并结合燃气轮机的运行规律，对处理后的数据的异常点的判定是根据燃气轮机运行的工作要求和燃气轮机运行规律而得到的。本发明方法检测出的异常是用来进行燃气轮机故障预诊断的，异常样本与正常样本差距很大，出现频率很低。按排序处理挑选的样本是符合自然规律的。尽管在步骤八和步骤十中提到了对处理后的数据的异常点的判断，但就其整体技术方案而言，它并不是一种指导人们进行思维和判断的方法，而是一种能解决技术问题的技术方案。本发明方法的最终结果是对外部对象"燃气轮机"进行相应控制或处理，其所反映的是遵循自然规律的技术手段。

3. 本发明申请权利要求 1～3 所限定的方案达到的效果是技术效果

本发明是一种基于燃气轮机的内在特性、结合信息频度的排序的异常检测方法，所述方法计算资源需求小，具有较低的时间和空间代价；采用频度方式表达的异常数据点，有很强的可说明性，误判度低，通过本发明方法可准确地获取燃气轮机各种异常情况，以便于及时处理燃机的大型故障。因此本发明获得了符合自然规律的技术效果。

三、感想与心得

回顾本案的审查意见答复过程：发明人在看到审查意见之后，认为本申请没有授权前景而欲放弃答复。专利代理人并没有放弃，而是认真从法律和技术角度研究审查意见与本申请的技术方案，从而找出答复的思路，给发明人以信心，让发明人对本申请的授权前景又有了希望。因此，笔者认为专利代理人在答复审查意见的过程中，首先应当站在"有授权前景"的角度去分析审查意见，而不是盲目按照发明人的意见去处理审查意见，这样才能够最大限度地维护专利申请人的权益。

　　在答复审查意见的过程中，专利代理人只有提出令人信服的技术事实、正确的法律依据，才能引导发明人进行正确积极的配合，进而争取最好的结果。笔者认为，在答复审查意见的过程中，专利代理人起近80%的作用。仅就本案来看，专利代理人的贡献在于：专利代理人提出本发明的实质是对体现被控对象的运动规律或机理（自然属性）的物理参数进行处理，然后判断被控对象的故障。

用"法律"解读"技术方案"是专利代理人的核心价值

刘士宝

【摘 要】

本文提出了一种答复不符合《专利法》第2条第2款的审查意见的方法，提出了在涉嫌智力活动规则类的申请中，对于杂糅在一起的"技术"和"非技术"的筛选和认定，将其中的"技术"作为整个申请撰写和审查意见答复的突破口，以实现授权和保护。这个筛选和认定需要专利代理人的准确把握，在技术和法律之间搭建出一条"桥梁"，使法律真正意义上为技术护航。

【关键词】

智力活动规则 技术特征筛选 专利代理人价值 技术保护

一、案情概述

1. 本专利概述

申请号：201110244424.9。

发明名称：城市道路单个交叉口人车感应控制方法。

独立权利要求1简述：该方法在主路的路口设置有车辆检测器，用于检测主路路口是否有车辆通过，并在主路人行道的两端的和次路的人行道两端均设置有行人过街按钮，分别用于行人向交通灯控制单元发出过街申请。

独立权利要求1进一步简化为：城市道路主路的人车感应控制方法。

独立权利要求4简述：它是次路设置有检测器的道路单个交叉口人车感应控制方法，该方法在次路的路口设置有车辆检测器，用于检测次路的路口是否有车辆通过，并在主路人行道的两端的和次路的人行道两端均设置有行人过街按钮，分别用于行人向交通灯控制单元发出过街申请。

权利要求 4 进一步简化为：城市道路次路的人车感应控制方法。

独立权利要求 7 简述：它是主路和次路均设置有检测器的道路单个交叉口人车感应控制方法，该方法在主路的路口和次路的路口均设置有车辆检测器，分别用于检测主路的路口和次路的路口是否有车辆通过，并在主路人行道的两端的和次路的人行道两端均设置有行人过街按钮，分别用于行人向交通灯控制单元发出过街申请。

独立权利要求 7 进一步简化为：城市道路兼顾主路和次路的人车感应控制方法。

2. 审查意见概述

在第一次审查意见通知书中，审查员认为权利要求 1、4、7 仅是通过人为设定的切换规则对现有的交通灯进行切换，其实质是交通灯控制单位按照人为制定的规则对交通灯状态进行切换，解决的问题是以一定的规则切换道路交叉口交通灯，其解决的是非技术问题，所获得的效果也非技术效果。因而不属于技术方案，不符合《专利法》第 2 条第 2 款的规定。

权利要求 1 的从属权利要求 2 ~ 3、权利要求 4 的从属权利要求 5 ~ 6、权利要求 7 的从属权利要求 8 ~ 9 中附加的技术特征仍然是人为规定的规则，以与其对应独权的相同理由，亦不属于《专利法》第 2 条第 2 款的规定。

3. 答复要点及审查结果

本案是一个比较典型的答复不符合《专利法》第 2 条第 2 款的审查意见并获得授权的案例，在本案例中，充分体现了专利代理人的关键作用，专利代理人成功对接了"技术"与"法律"，在"技术"与"法律"之间搭建了一个贯通的"桥梁"，使"法律"最终实现了为"技术"的保驾护航。

最终，通过专利代理人的答复本发明被授予专利权。

二、分析过程及答复方案

在本案中，审查员给出的结论是：不符合《专利法》第 2 条第 2 款的规定，实质上，双方交锋的核心在于本案是否属于"技术方案"。

根据对审查意见的分析，实质上审查员是认为本案不属于技术方案的主要依据是《专利法》第 25 条第 1 款第（2）项的规定。

根据《专利审查指南 2010》对于第 25 条第 1 款第（2）项的解释：智力活动的规则和方法是指导人们进行思维、表述、判断和记忆的规则和方法，由于其没有采用技术手段或者利用自然规律，也未解决技术问题和产生技术效果，因而不构成技术方案。针对上述解释，《专利审查指南 2010》中给出的例子中包含有：交通行车规则。

回归到本案，双方交锋的核心就确定在本案是否是"交通行车规则"的问题。实事求是地讲，对于高效交通这一个课题，任何人的原始动机一定是在制订、改变或完善"交通规则"，通过制订、改变或完善达到"人和车"在交通中的最优化配置。从这个角度来讲，本申请势必涉及《专利法》第25条第1款第（2）项的规定。

然而，这个原始动机并不能衍生唯一的手段，换言之，"制订、改变或完善'交通规则'"是手段之一，还有结合"其他手段"也可实现。而《专利审查指南2010》中也明确记载"如果一项权利要求在对其进行限定的全部内容中既包含智力活动的规则和方法的内容，又包含技术特征，则该权利要求就整体而言并不是一种智力活动的规则和方法。"

本案中的"其他手段"为：本案通过采集主路、支路或者其结合的自然数据，然后根据采集到的数据采用控制器进行运算，并输出运算的结果控制交通灯的点亮和熄灭。

不同点是：一种是"人"产生交通规则并由"人"进行干预，来实现指导"人和车"的运行；另一种则是"机器"采集数据，并由"机器"对数据进行处理，并输出控制信号控制"信号灯"工作。

可见，后一种（即本案）的方案并不是《专利审查指南2010》中记载的"必须经过人的思维运动作为媒介"，也不是"指导人们进行思维、表述、判断和记忆的规则和方法"。因此，本案除了包含有《专利法》第25条第1款第（2）项规定的智力活动规则之外，还包括了"其他手段"，并且该"其他手段"是"技术手段"。

由于出现了上述这个"技术手段"，因此，原始的动机被限定的方向深化，其对应的目的被局限为：为了在感应控制方法中的控制参数选取最佳的数值，从而保证道路交叉口运行秩序，以及提高行人通过安全性。正是由于这种局限，该方案客观上解决了实体"技术问题"。

而从对应的效果来看：实现了在现有感应控制方法中的控制参数选取最佳的数值，以实现人车感应的控制，进而保证道路交叉口运行秩序，以及提高行人通过安全性，也毫无疑义是"技术效果"。

分析至此，专利专利代理人作出如下意见陈述：将从属权利要求2~3与权利要求1合并作为新权利要求1；将从属权利要求5~6与权利要求4合并作为新权利要求2；将从属权利要求7~8与权利要求7合并作为新权利要求3。

申请人认为新权利要求1、2和3是符合《专利法》第2条第2款的规定的，具体理由如下：新权利要求1、2和3中的技术方案中采用了具体的技术手段，即控制参数的具体选择，包括：最大车辆绿灯时间的取值为 70 ~ 90s；最大行人绿灯时间的取值为 70 ~ 90s；最小车辆绿灯时间 $G_{\min车}$ 的取值；最小行人绿灯时间 $G_{\min人}$ 的取值。

上述"最小车辆绿灯时间 $G_{\min车}$"是根据关键进口道的车队疏散时间、关键进口道的最大排队长度、关键进口道的饱和流率、关键进口道的到达率和红灯时间五个物理量之间的客观规律计算获得的，即参数"最小车辆绿灯时间 $G_{\min车}$"是通过符合自然规律的技术手段获得的技术参数。同理，上述"最小行人绿灯时间 $G_{\min人}$"也是通过符合自然规律的技术手段获得的技术参数。

综上所述，上述参数的确定均是通过符合自然规律的技术手段获得的，获得的技术效果是：通过控制各个路口的车辆和行人的通行时间，使得欲通过路口的车辆和行人有序通过路口，并且不产生交叉碰撞的情况出现，最终实现高效控制城市道路交叉口运行秩序的效果，该效果也是一种符合自然规律的技术效果。

该技术特征对应解决了本发明的关键技术问题，即为了在现有感应控制方法中的控制参数选取最佳的数值。

该技术特征对应获得了技术效果：即实现了在现有感应控制方法中的控制参数选取最佳的数值，以实现人车感应的控制，进而保证道路交叉口运行秩序，以及提高行人通过安全性。且该技术效果是在本申请提出之前，本领域的技术人员无法预料的。

对于权利要求 1、2 和 3 的整体技术方案而言，本发明研究的对象是通过对控制参数选取进而对交叉口进行人车感应控制方法的改进，是在既有交叉口车辆与行人控制技术条件下，针对不同流量条件的交叉口，结合实际条件，综合考虑车辆与行人不同出行对象，通过合理选取控制参数，利用控制设备检测到达需求，进而实现车辆与行人通行的控制；并且，对于半感应、全感应等不同的控制模式，之所以现阶段未能利用实施，也与其模式的缺陷及缺少对实际控制参数的具体选择相关。

因此，本发明的整体是对交叉口控制方案的改进与完善，解决了实际的技术问题，达到了本领域技术人员意料之外的技术效果，因此，本发明的方案是属于专利法定义的技术方案。

综上所述，申请人认为，新权利要求 1、2 和 3 是符合专利法第二条第二款之规定的，是可以被授予专利权的。经上述意见陈述后，最终获得授权。

三、感想和心得

对于申请人而言，面对一个课题，为了找出其实现的手段，其思维是无边界的。而在其找到了实现的方案时，往往在其形成的成果中杂糅着众多事前的分析、推理的过程。而《专利法》则是一个严格的框架，它有一种"定向"的机制。这就是"技术"与"法律"之间的"鸿沟"。这种"鸿沟"一旦如果缺少"抽茧剥丝"的处理，就会造成案情繁冗复杂，审查员就很容易进入"思维的误区"。

本案所处的领域对于从事专利代理工作的人而言，都是一类较为棘手的案件，这类案件恰好临于"技术方案"与"非技术方案"的边界，是个"临崖险道"，对于专利代理人而言，如果没有构思成熟，这个方案很容易"坠崖而死"。

事实上，本案在前期撰写时，专利代理人就作了"抽茧剥丝"的处理，申请文件中的技术特征突出于权利要求项的显著位置，且整个权利要求书和说明书都留下了多重能够进行辩驳的伏笔。

从答复过程来看，专利代理人准确地将技术特征从复杂的方案中"剥离"出来，并在意见陈述中进行了列举和分析，论述比较充分。而审查员也以非常公正的视角对本申请的方案重新进行了审查，最终予以授权。

对于专利代理人，在交底文件中探寻真正的技术实质，以正确的方式呈现申请人的技术方案，于申请人与审查员之间对接"技术"与"法律"，使"法律"最终实现为"技术"保驾护航，是体现专利代理人存在价值的核心意义。

四、结束语

本专利申请于 2013 年 11 月 13 日取得授权。本专利的授权很大程度上源于专利代理人对"技术"与"法律"两方面的精准把握，从撰写到答复的准确拿捏，实现了"技术"在"法律"层面上的真正保护。

通过举证推定法答复不符合《专利法》第2条第2款的审查意见

张宏威

【摘 要】

针对由于审查员在对发明所属技术领域不熟悉的前提下而发出的涉及《专利法》第2条第2款的审查意见，在答复时，不适合直接从发明人的角度去阐述论点，因为当发明人和审查员对技术方案的理解完全不同时，是很难达成一致的观点。因此，针对该类审查意见，在答复时应当首先以"介绍""讲解"为主，即：首先介绍专利所属技术领域的基础知识，进而让审查员能够正确理解专利所记载的技术方案，在这个前提下，再从发明人的角度去阐述相关论点，此时，该论点才能够有更大的机会让审查员理解并接受。

【关键词】

保护客体 技术领域 举证 推定 补充论述

一、案件简介

申请号：201110038900.1。

发明名称：基于巴氏距离和有向无环图构建多分类支持向量机分类器的方法。

权利要求1："基于巴氏距离和有向无环图构建多分类支持向量机分类器的方法，其特征在于，该方法包括以下步骤：

步骤一、对多分类对象，分别计算训练样本中两两类别之间的巴氏距离；

步骤二、根据步骤一获取的两两类别之间的巴氏距离建立初始操作表单；

步骤三、根据步骤二获取的初始操作表单构建基于有向无环图结构的多分类器；

步骤四、采用支持向量机作为二元分类器，基于有向无环图结构实施多分类。"

二、案情详述

（一）审查意见分析

首先，审查意见是在没有进行检索的前提下作出的。

其次，审查意见的主要观点认为：本申请的权利要求 1 所记载的方法仅是利用了现有的计算机实现上述分类过程，而没有对计算机技术进行技术上的改进，其所要解决的问题是提供一种计算量小的分类方法，不是技术问题，其采用的手段是根据人为设定的分类步骤进行分类，不是技术手段，其所获得效果也不是技术效果，因此，该权利要求没有解决技术问题、没有采用技术手段、没有获得技术效果。最终结论是：权利要求 1 请求保护的方案不是技术方案，不符合《专利法》第 2 条第 2 款的规定，不属于《专利法》保护的客体。所有从属权利要求均对权利要求 1 作了进一步限定，其中进一步说明了分类方法的实现步骤，给予评述权利要求 1 相同的理由，即：所有从属权利要求请求保护的方案也不是技术方案，不符合《专利法》第 2 条第 2 款的规定，不属于《专利法》保护的客体。

本申请所涉及的技术领域是模式识别领域，是计算机领域中近几年新兴的技术，属于比较先进的且专业性比较强的技术领域，针对该技术领域熟悉的人不多。

根据审查意见中的观点"……没有对计算机技术进行技术上的改进，其所要解决的问题是提供一种计算量小的分类方法，不是技术问题"能够初步确定，该审查员对本申请所涉及的技术领域不是很熟悉。

再根据该审查意见是在"没有做检索的前提下作出的"，进一步证明，该审查员对该技术领域不是很熟悉。

（二）答复要点

根据上述分析结果，确定基本的答复要点为：首先通过论述和举证的方式，让审查员对本申请所涉及的技术领域有所熟悉，并证明本领域的同类现有技术为符合《专利法》第 2 条第 2 款规定的保护客体。然后再根据《专利法》第 2 条第 2 款的定义来论述为什么本申请所述的技术方案属于《专利法》的保护客体。

答复过程及主要内容概述：

（1）通过介绍模式识别技术的发展过程，以及对本申请所涉及的该领域中的"分类器"进行论述，进而让审查员对本申请所涉及的技术领域有初步的了解，该部分主要内容有：

首先明确本申请所属的技术领域：根据本申请的说明书的"技术领域"中记载，本申请属于"模式识别领域"。

其次阐述该"模式识别"技术的发展过程：模式识别（Pattern Recognition）在 20 世纪 60 年代初迅速发展并成为一门新学科，是应用计算机对一组事件或过程进行辨识和分类，所识别的事件或过程可以是文字、声音、图像、电信号等具体对象，也可以是状态、程度等抽象对象。这些对象与数字形式的信息相区别，称为模式信息。模式识别是信息科学和人工智能的重要组成部分，又常称作模式分类。

最后采用证据证明该技术在高校的教材中已经有相关介绍，例如：电子工业出版社于 2006 年出版的《模式识别（第 3 版）》（西奥多里德斯等著，李晶皎等译）。该书中介绍：模式识别是指对表征事物或现象的各种形式的信息进行处理和分析，以对事物或现象进行描述、辨认、分类和解释的过程。它是信息科学和人工智能的重要组成部分，主要应用领域是图像分析与处理、语音识别、声音分类、通信、计算机辅助诊断、数据挖掘等学科。

在模式识别技术领域中最基础的技术就是"分类器"，所述"分类器"是模式识别技术中使待分对象被划归某一类而使用的分类装置，一般采用计算机程序实现，通常有人将"分类器"认定是一种计算机程序。

"模式识别"技术属于是一种计算机应用的技术领域，"分类器"是该技术领域中常用的技术手段，该种技术手段通常采用计算机程序实现。

通过上述论述和举证，审查员应当对本申请所涉及的技术领域有了初步的认识，并且也能够做初步的检索。在该前提下，进行下面内容的论述。

（2）通过证据证明，本申请所涉及的技术领域中的同类<u>现有技术</u>为《专利法》第 2 条第 2 款规定的发明专利保护客体。

通过检索，获得本申请所涉及的技术领域中、已授权的同类技术的中国专利文献，进而证明本领域所涉及的模式识别技术领域中的"分类器"相关技术是符合《专利法》第 2 条第 2 款规定的发明专利保护客体。

由于在对审查意见的分析过程中，认为审查员对本申请所涉及的技术领域不是很熟悉，并且也没有做检索，因此在该部分中，首先在挑选证据的过程中，选择了与本申请最接近的现有技术；其次，没有采用泛泛列举专利著录信息的方式进行举例，而是对所选择的每篇专利文件的内容作了概述介绍，使审查员更容易理解所选择的专利文件记载的技术方案的内容。具体论述内容为：

证据1：授权公告号为 CN101251851B、名称为"基于增量朴素贝叶斯网多分类器集成方法"的发明。该发明目的是提供一种用于处理概念漂移问题的集成方法，该方法一方面通过动态改变算法中的参数来提高算法的分类性能，另一方面利用基于 KL 距离的剪枝策略删除继承冗余的个体分类器，从而及时丢弃无用分类器。

证据2：授权公告号为 CN101655926B、名称为"一种用线性判别函数设计凸可分分类器的方法"的发明。该发明公开的是一种属于模式识别技术领域中的设计分类器的方法。该发明的目的在于克服利用带核支持向量机解决线性不可分问题的缺陷，提供一种简单、实用、高效且泛化能力较强的分类器涉及方法。该方法不需要选择核函数，也不需要解决二次规划问题，具有编程容易实现、运行效率较高的优点。

证据3：授权公告号为 CN101814149B、名称为"一种基于在线学习的自适应级联分类器训练方法"的发明。该发明公开了一种模式识别领域中、通过得失分类器训练方法，进而提高分类器的性能的方法。该发明所述的技术方案采用少量样本训练初始级联分类器，然后将该分类器用于图像中的目标检测，通过跟踪自动提取在线学习样本，采用自适应级联分类器算法对初始级联分类器进行在线学习，从而可以逐步提高该分类器在图像中进行目标检测的精度。并通过跟踪使分类器在线学习的新样本可以自动获取并且自动标注，提高了分类器训练过程的智能化程度，大大减轻了人工标注样本类别的工作量。

证据4：授权公告号为 CN100573550C、名称为"分类器动态选择与循环集成方法"的发明。该发明公开了一种新的分类器选择与集成方法，该方法针对不同待识别目标，挑选出不同数目的分类器进行集成识别。对于较易识别的目标，可能只选择一个或少数几个分类器就能够解决问题，对于较难识别的目标，则选择出大量的分类器，并循环集成多次使用，尽可能得到正确的识别结果。该方法灵活高效、易于实现，可大大提高多分类器系统的效率、识别率和泛化能力。

证据5：授权公告号为 CN100587708C、名称为"一种分类器集成方法"的发明。该发明公开了一种模式识别技术领域中，通过对子分类器的集成来提高分类器的性能的方法，该技术方案是通过设计更有效的分类器性能评价准则选择性能好的子分类器，进而减少分类器训练时间和循环次数。

证据6：授权公告号为 CN101147160B、名称为"自适应分类器以及建立其分类参数的方法"的发明。该发明公开了一种能够快速确定模糊分类器的方法，进而实现快速识别的目的。

对上述 6 个证据进行总结：通过上述已授权的发明专利文献，可以明确获知，模式识别技术领域中的分类器及相关技术是属于《专利法》第 2 条第 2 款规定的技术方案。并且从上述各个发明专利的效果描述可以获知，该种技术的技术效果主要是减少测试样本的数量、减少计算量或者减少循环或学习次数，从计算机程序的角度出发，上述的技术效果都能够减少计算机程序的编程复杂程度，并且在相应计算机程序运行过程中，减少对计算机资源的使用率，进而提高计算机的运行速度，最终达到提高分类器分类速度的目的。

通过上述对每个证据的介绍，以及最后的总结，不但证明了本申请所涉及的技术方案的现有技术属于《专利法》第 2 条第 2 款所规定的客体，同时也阐述了同类技术所解决的主要技术问题。审查员在阅读完该部分时，应当能够认同上述所列举的所有证据均属于《专利法》第 2 条 2 款所规定的客体。

（3）从《专利法》第 2 条第 2 款的定义出发论述本申请所论述的技术方案为《专利法》的保护客体。

由于前面的铺垫，该处不需要太多笔墨进行陈述，仅仅根据《专利法》原文进行论述即可。

《专利法》第 2 条第 2 款规定："发明，是指对产品、方法或者其改进所提出的新的技术方案。"通过前面的论述已经证明了本申请所述技术领域的同类现有技术均为"《专利法》保护的客体"，即都是《专利法》中的"技术方案"。本申请是对这些"技术方案"进行改进而获得的"新的"技术方案，因此本申请符合《专利法》第 2 条第 2 款的定义，即本申请属于《专利法》第 2 条第 2 款规定的客体。

（4）为了防止发出关于创造性的第二次审查意见通知书，做下述补充陈述内容：

首先，为了避免发出关于创造性的审查意见通知书，在上述论述之后，专利代理人又进一步的说明了本申请技术方案所解决的"技术问题"和达到的"技术效果"，进而证明本申请的技术方案与上述现有技术相比较是具备创造性的。相关论述主要内容有：说明书的"背景技术"中充分论述了现有同类技术的现状，参见说明书的"背景技术"部分的阐述。根据上述内容，现有同类技术就是模式识别技术领域中的分类器，现有分类器存在的缺点主要有：训练速度将随着训练样本数或类别数的增多而变慢，同时各子分类器的输入数据永远是整个测试集合，这也增大了这两种多分类策略的计算量。

根据本申请说明书的"发明内容"最后记载本发明优点可明确获知，由于本发明采用有向无环图构造多分类器，该拓扑结构具有冗余性，同一类别的样本可以具有不同的分类路径，这种路径分流减少了子分类器的数据输入量，使计算更快，且学习效果也更好，审查意见中也认为本发明在上述"（二）答复要点之（2）中所解决的问题是提供一种计算量小的分类方法。"通过对现有专利文献所解决的技术问题的分析，能够确定："计算量小"对于计算机程序来说，就是能够达到减少计算机程序的编程复杂度、减少了计算机程序运行过程中所需要的计算机内部资源、提高到计算机运行速度的技术效果，该效果是属于对计算机内部性能的改进，属于专利法意义上的技术效果。

其次，为了避免审查员仍对本申请的技术方案是否适用于"工业生产"产生质疑而发出审查意见，专利代理人根据本申请说明书记载内容继续陈述：在本申请的说明书的"具体实施方式二"中提供了一个将本发明所述的技术方案应用到一个具体领域中的实施例，该实施例所记载的方案是将本发明所述的技术方案结合 UCI（University of California，Irvine）机器学习公用数据库中的伺服电机系统辨识数据阐述本发明的一个具体实施例。根据该实施方式可以进一步证明，本发明所述的技术方案是能够应用于工业生产的技术方案，是属于《专利法》第 2 条第 2 款所规定的技术方案。

审查员在接到上述意见陈述之后，认同了专利代理人的观点，但认为本案仅在说明书中描述了本申请的方案能够应用于伺服电机系统，在权利要求中没有体现这一应用领域，因此，对本案的权利要求是否得到说明书的支持、保护范围过大产生了质疑。通过与发明人沟通，确定本案正是针对伺服电机系统所研究的，因此在发明名称中增加了定语"应用于伺服电机系统的"，即将本申请的主题名称修改为"应用于伺服电机系统的基于巴氏距离和有向无环图构建多分类支持向量机分类器的方法"，进而消除了权利要求得不到说明书支持的问题，该种修改方式也得到了审查员的认可，本案得以授权。

三、代理体会及评析

本案没有采用通常针对《专利法》第 2 条第 2 款的审查意见一般的答复思路，即：没有以论述技术方案的三要素的方式来陈述本案所记载的技术方案属于《专利法》第 2 条第 2 款规定的客体。笔者认为，针对审查员基本理解专利申请所记载的技术方案的前提下，适合采用上述方法进行论述。而本案的情况是在审查员没有正确理解本案所记载的技术方案，针对该种情况，不适用采用上述论述方式。

笔者认为只有在专利代理人和审查员对专利技术理解基本一致的前提下，专利代理人的论述内容才更容易让审查员理解并接受。因此，对于这种审查员在对专利技术方案的理解与专利代理人完全不同的前提下发出的审查意见的答复，首要问题是让审查员对专利技术的理解与专利代理人基本一致，在该前提下，才能保证专利代理人阐述的观点让审查员能够理解，进而获得审查员的认同。故在本案中，答复审查意见的大部分精力和笔墨是为了讲解本案所属技术领域的基础知识，并通过列举的几个专利文献，一方面让审查员获知本案现有技术已有多项授权，同时也协助审查员做了检索，另一方面也从侧面帮助审查员对本案所属技术领域的技术内容有所了解。在审查员对本案的技术方案理解与专利代理人基本一致的前提下，不符合《专利法》第 2 条第 2 款的问题自然就解决了。

另外，由于本案的审查意见是在没有检索的前提下作出的，针对该种情况，当审查员理解技术方案之后，是肯定要做检索来评价本案的新颖性和创造性的。因此，为了避免发出第二次审查意见通知书，应当尽量在意见陈述中作出相应的补充陈述，主要是陈述创造性问题。由于在意见陈述的前半部分已经通过检索列举了部分现有技术，因此，在本案中针对所列举的证据作了简单的创造性论述。该部分论述分散在两部分：一部分是在举证过程中，针对每个证据的目的、主要技术手段和技术效果作了论述；另一部分就是在论述本案技术效果部分，充分阐述本案的效果，当然这些效果肯定是优于前面所列举的证据的技术效果的。

由于专利代理人在答复第一次审查意见通知书的过程中，针对能够考虑到的、审查员能够产生的疑问都作了陈述，进而有效地避免第二次审查意见通知书的发出，加快了审查进度。本案在答复第一次审查意见通知书之后很快就收到了授权通知书。

四、结束语

经过一次答复之后，专利代理人的观点获得了审查员的认可，此发明专利申请于 2014 年 1 月 29 日被授权公告。在答复过程中，主要是以举证的方式进行论述和分析，让审查员更容易理解专利代理人的观点，也更容易接受专利代理人的观点，进而使得审查员对技术方案的理解与专利代理人的理解基本一致，在该前提下，专利代理人的论点才更容易被审查员理解和接受，最终得到授权。